Holger G. Weiss

# Helden werden in der Krise geboren

**Bibliografische Information der Deutschen Nationalbibliothek:**
Die Deutsche Nationalbibliothek verzeichnet diese Publikation in der Deutschen Nationalbibliografie; detaillierte bibliografische Daten sind im Internet über http://d-nb.de abrufbar.

**Für Fragen und Anregungen:**
info@redline-verlag.de

1. Auflage 2022

Projektvermittlung und Lektorat: Pageturner Production GmbH, Isabella Kortz und Annette Hildebrand mit Unterstützung von Nelia Mayer-Rolshoven
Umschlaggestaltung: Pamela Machleidt
Umschlagabbildung: shutterstock/T.SALAMATIK, Alhovik, HelloSSTK
Satz: ZeroSoft, Timisoara
Druck: CPI books GmbH, Leck
Printed in the EU

ISBN Print 978-3-86881-913-7
ISBN E-Book (PDF) 978-3-96267-470-0
ISBN E-Book (EPUB, Mobi) 978-3-96267-471-7

*Weitere Informationen zum Verlag finden Sie unter*

# www.redline-verlag.de

Beachten Sie auch unsere weiteren Verlage unter www.m-vg.de

REDLINE | VERLAG

Holger G. Weiss

# HELDEN
## werden in der
# KRISE
## geboren

**Wie man über sich hinauswächst und
sein Start-up durch schwierige Zeiten bringt**

# Inhalt

*Für meine Frau (meine wahre Heldin), die
dieses Buch auch hätte schreiben können, weil
sie alle Krisen mit mir durchgestanden hat.*

# Aufbegehren gegen das Beharrungsvermögen der Welt

Warum ist es eigentlich so schwer, ein Start-up zu gründen? Und welche Faktoren sind notwendig, um das Start-up zum Erfolg zu führen? Die Summe der Rückschläge übertrifft wie fast überall im Leben die Summe der Erfolge. Das bedeutet aber auch, dass ein Erfolg mehr wiegt als ein Rückschlag – denn sonst wäre die Welt wohl längst untergegangen. Die Frage nach dem menschlichen Erfolg oder Scheitern beschäftigt die Menschheit seit Anbeginn. Mythen und Märchen, Sagen und Fabeln ranken sich um das vertrackte, teuflische Missverhältnis von Erfolg und Misserfolg.

Die Bibel schildert das Paradies als einen Ort, an dem nichts schiefgeht – aber genau diesen Ort haben wir für immer verloren. Heidegger formulierte eine Philosophie der Sorge. Er leitet die ewige Sorge um das Misslingen aus dem Zustand der Endlichkeit ab, an dem wir nicht rütteln können. Wir leben in ständiger Sorge, weil wir wissen, dass unsere Zeit endlich ist. Wäre sie unendlich, käme es auf Rückschläge nicht an, denn wir hätten eine Ewigkeit lang Zeit, sie in Erfolge zu verwandeln. Doch diese Zeit haben wir nicht. Entropie legt die Richtung der Zeit und die Endlichkeit aller Dinge unabänderlich fest – im Großen wie im Kleinen. Schopenhauer fordert, die Summe von Freud und Leid nüchtern zu betrachten: Man vergleiche die Freude des Löwen beim Fressen mit dem Leid der Gazelle beim Gefressenwerden. Das Letztere überwiegt das Erste ganz gewaltig.

Unternehmer:innen sind jene Menschen, die sich dem Scheitern beharrlich entgegenstemmen. Ihr mythologischer Held ist Sisyphus, der nach Camus bekanntlich ein glücklicher Mensch war. Der Begriff »Unternehmer« – im Englischen *Entrepreneur* – ist eine treffende Bezeichnung, denn sie geht zurück auf »etwas unternehmen« (also handeln). Ein Tu-Wort, ein Tat-Wort. Unternehmer stemmen sich dem Mahlstrom der Ereignisse mit ihrer Tat entgegen. Sie wissen: Die Welt verkehrt auf ihren vertrauten Bahnen. Niemand braucht das neue Produkt. Die Welt hat Jahrmillionen ohne das neue Produkt funktioniert, und sie würde es auch in den kommenden Millionen Jahren noch schaffen. Körper verändern nach Newton ihre Bahn nicht, bis eine Kraft auf sie einwirkt. Unternehmer aber wollen Körper von ihrer Bahn abbringen, also das Gewohnte durch etwas Neues zu ersetzen. Am Anfang steht immer der Zweifel, ob die eigene Kraft ausreicht, überhaupt etwas zu verändern, oder ob die Beharrungskräfte überwiegen. Gewinnt der Tatmensch? Oder steht er am Ende blamiert wie ein Zwerg vor einem Gebirge, das sich weigert, auch nur einen Millimeter nachzugeben? Diese Frage ist am Anfang immer offen. Und eben hier beginnt die »Heldenreise« eines jeden Unternehmers, der sich dem scheinbar unmöglichen stellt.

Die Chancen auf Erfolg sind winzig klein. Trotzdem sind wir alle ständig von Dingen umgeben, die jünger sind als wir. Ein einfacher Selbstversuch führt uns das vor Augen: Schließen wir die Lider für einen Moment, schlagen sie wieder auf und zählen die Dinge durch, die uns umgeben. Mindestens die Hälfte der Gegenstände, die wir sehen, gab es in dieser Form noch nicht, als wir geboren wurden. Sinnfällig erleben wir in jedem Moment, dass Neues durchaus möglich ist. Das nährt den Mut.

Wie sind diese neuen Dinge in die Welt gekommen? Durch Unternehmer:innen, die sie in die Welt gebracht haben – gegen eine Wirklichkeit, die sich dagegen wehrte. Hinter jedem neuen Produkt, das zum Erfolg wurde, stehen Tausende, die es nicht geschafft haben. Unter jedem Triumphbogen brennt eine Ewige Flamme für die Gescheiterten. Am Ende waren sie alle nötig, um den wenigen zum Erfolg zu verhelfen, wie die tausend gescheiterten Versuche Edisons auf dem Weg zur Erfindung der Glühbirne. So betrachtet ist es nicht mehr ein Rennen gegeneinander, sondern ein gemeinsames Suchen, Ringen und Forschen bis zum Durchbruch.

Jeder Unternehmer weiß, dass die Chancen auf Erfolg statistisch gesehen minimal sind. Doch trotzdem glaubt er, dass die Würfel zu seinen Gunsten fallen werden. »Scheitern werden immer die anderen, nicht ich«, so denken die meisten Gründer:innen. Ein objektiver Betrachter weiß: Das kann nicht stimmen. Von 1.000 Vorhaben werden immer etwa gleich viele daneben gehen, auch wenn ihre Protagonisten diese Einsicht verdrängen. Doch die Protagonisten beziehen ihre Kraft aus der Illusion der eigenen Unverwundbarkeit.

Wie ist das möglich? Durch den Glauben an die Formbarkeit der Welt. Wer Determinist ist, kann kein Unternehmer sein. Unternehmer glauben, die Welt in zahlreichen Iterationsschritten stückweise überlisten zu können. Nicht so sehr auf die Genialität des Einfalls kommt es an, sondern auf die evolutionäre Anpassung der Ursprungsidee an real existierende Systeme.

Holger G. Weiss hat ein eindrucksvolles Buch über diesen Prozess der Anpassung geschrieben. Lernen hat einen entscheidenden Anteil am Erfolg. Lernen bedeutet, dem Scheitern in der ersten Runde offen ins Gesicht zu sehen, um es in der zweiten Runde besser zu machen. Genauso nach der zweiten Runde, um in der dritten noch weiterzukommen. So geht es immer weiter; ein ganzes Leben lang. Wem Hinfallen und Aufstehen zuwider ist, der wird als Unternehmer keinen Erfolg haben können.

Die schlechte Nachricht, sagt man, ist ein böser Gast, den man freundlich an seinen Tisch bitten sollte. Holger Weiss tut noch mehr. Er lädt den bösen Gast nicht nur an seinen Tisch. Er fragt ihn aus, merkt sich seine Geschichten, schreibt sie auf und verbreitet sie weiter. Lernen ist die Geheimwaffe des Zwergs gegen das reglose Gebirge. Geht es nicht linksrum, dann geht es vielleicht rechtsrum. Lernen vom Scheitern ist nicht gleichbedeutend mit Gefühllosigkeit oder Abgestumpftheit. Dieses Buch handelt vom Schmerz. Der Autor scheut sich nicht, von eigenen Schmerzen zu berichten. Wenn wir diesen Schmerz aus Scham in uns hineinfressen und andere nicht daran teilhaben lassen, dann kommen wir als Unternehmer nicht weit.

Warum sollten wir uns auch schämen? Wir scheitern ja nicht, weil wir dumm oder unbegabt wären. Wir scheitern an der Schwerkraft der Dinge, am Beharrungsvermögen der Wirklichkeit, an der Stabilität der Welt, an der Anti-Fragilität, von der Nassim Nicholas Taleb gesprochen hat. Gegen diese übermächtigen Kräfte zu versagen, ist keine Schande. Uns dieses Scheitern einzugestehen, um uns für die nächste Attacke auf die Wirklichkeit zu rüsten, ist der beste Zaubertrank, der uns zu Gebote steht. In diesem Sinne sollte dieses Buch gelesen werden: als Dokument der Solidarität und als Landkarte der Widernisse für alle, die der Welt ein paar ihrer vielen Krankheiten gegen ihren Willen austreiben möchten. Je mehr wir von den zahlreichen Tücken wissen, die auf uns lauern, je offener wir uns und anderen die Verzweiflung eingestehen, von der Holger Weiss an vielen Stellen dieses Buches spricht, desto weniger Anlass werden wir zur Verzweiflung haben. Schmerz bekämpft man mit Teilen und Lernen. Vermeiden lässt er sich jedoch nie. Jede Heldenreise führt zwangsläufig über eine Via Dolorosa, und es ist wichtig, dass das offen ausgesprochen wird.

*Christoph Keese*
im November 2021

# Wie bitte, Dauerkrise?

Ich habe dieses Buch im Oktober 2020 begonnen zu schreiben. Sicher beeinflusst durch die Corona-Krise, die damals einige Monate grassierte, ohne jedoch in ihren Auswirkungen absehbar zu sein. Ich hatte aber auch das Bedürfnis, meine Erfahrungen als Gründer und Geschäftsführer unter schwierigen Umständen zu beschreiben und es ergab sich, dass man jeden Abend zu Hause saß und ich Zeit hatte. Zeit, die man ansonsten bei Veranstaltungen, privaten Dinners oder Ähnlichem verbracht hätte. Was ich zu dieser Zeit nicht wissen konnte war, wie sehr »die Krise« in den folgenden Jahren zum Dauerthema wurde.

In Kapitel 9 beschreibe ich, wie es sich anfühlt, wenn man seine Firma unter dem Einfluss einer Weltkrise weiterführen muss. Und ja, es gibt sie, diese Krisen, die so groß sind, dass sie alle Menschen auf der Welt betreffen. Corona ist und war definitiv eine solche. Schon der Name *Pandemie* deutet ja darauf hin. Die schlimmste aller Krisen aber sind Kriege und 2022 erleben wir einen der brutalsten Kriege hier in Europa vor unserer Haustür. In diesem Jahr hat man das Gefühl, es kommt alles auf einmal. Krieg, Inflation, Rekordverschuldung, Hunger. Die Welt scheint aus den Fugen geraten zu sein.

Wie geht man als Unternehmer:in mit solchen dauerhaften Krisen um? Ist es überhaupt möglich, unter solchen Umständen eine positive Entwicklung anzustoßen? Ja, ist es, denn nicht jede politische Krise betrifft auch jedes Start-up. In den ersten Corona-Monaten sind Reise-Start-ups auf null gesetzt worden. Wenn niemand mehr fliegen kann und Grenzen gesperrt sind, dann bucht auch niemand mehr Hotels, oder Apartments und Ausflüge. Gleichzeitig erlebten alle Liefer-Start-ups nahezu über Nacht einen nie dagewesenen Boom. Plötzlich bestellten Menschen, die vorher noch nie daran gedacht hatten, Koch-Boxen und Getränke per Internet. Die Anzahl an Paketen aus dem E-Commerce hat sich im Sommer 2020 von Monat zu Monat fast verdoppelt. Aber losgelöst von diesen sehr individuellen Einflüssen auf bestimmte Geschäftsmodelle, betraf die Corona-Krise jedes Unternehmen. Mitarbeiter:innen mussten geschützt werden, Büros mussten über Nacht in Homeoffice umorganisiert werden und berufstätige Eltern wurden plötzlich zu Lehrer:innen und Erzieher:innen und Arbeitsmeetings mussten dementsprechend umorganisiert werden.

Aber wie sieht die Start-up-Landschaft denn 2022 aus und inwieweit ist sie von der Corona-Krise betroffen? Offensichtlich relativ wenig – gemessen an dem, was man hätte erwarten können. Die KfW Bank schreibt auf jeden Fall in ihrem Start-up-Report 2021: »Der Bestand an innovations- oder wachstumsorientierten jungen Unternehmen in Deutschland hat durch die Corona-Krise gelitten. Im Jahr 2020 ging die Zahl der Start-ups auf 47.000 zurück, nach 70.000 im Jahr 2019. Die deutlich geringere Zahl an Gründungen konnte offensichtlich die in diesem Segment typischerweise hohe Zahl der Schließungen nicht kompensieren. Im Vergleich zum Rückgang der Start-ups insgesamt blieb die Zahl der Venture-Capital-affinen Start-ups mit 8.600 (2019: 9.400) dagegen erstaunlich stabil.« (Dr. Georg Metzger, 2021, S. 1)

**Rückentwicklung von Start-ups während der Corona-Pandemie 2020 – Zahl der VC-affinen Start-ups aber relativ stabil**

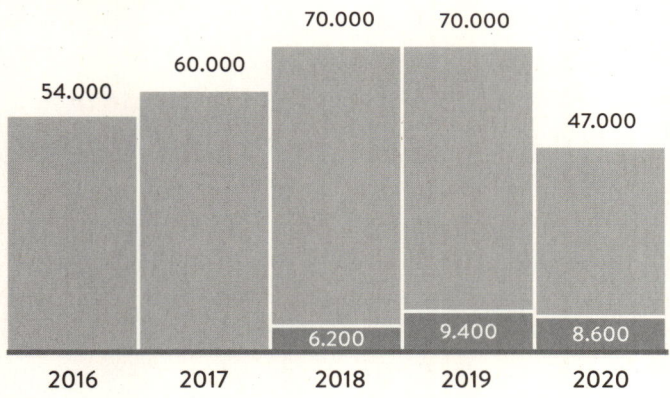

Start-ups* in Tausend

■ Zukünftiges Wachstum über Venture Capital

\* Start-up-Definition, siehe Box »Was sind Start-ups?« auf Seite 19/20

Quelle: KfW-Gründungsmonitor

Hierbei ist zu beachten, dass die KfW in ihrem Report zwischen Venture-Capital-affinen Start-ups und anderen unterscheidet, und die Autoren führen darauf auch die relativ gute Situation der ersten Gruppe trotz Krise zurück. Venture-Capital-affine Start-ups seien durch das Vorhandensein von kapitalkräftigen Investoren:innen auch geschützter in die Krise gegangen. Der Einfluss der staatlichen Corona-Hilfen für Start-ups kann laut der Studie auch einen Einfluss gehabt haben, kann aber nicht eindeutig zugewiesen werden.

Zu dieser Hypothese passt die Geschichte von *Get-Your-Guide*, einem der erfolgreichsten Reise-Start-ups, das weltweit alle möglichen Erlebnisse rund ums Reisen vermittelt. Ausflüge, Museumseintritte, Führungen etc. Im Interview mit Christoph Keese im März 2020 wirkt Mitgründer Johannes Reck sehr gelassen, obwohl der Umsatz von mehreren Hundert Millionen Euro im Jahr 2019 plötzlich auf nahezu null sank. Reck spricht davon, dass die Lage ruhig ist, man habe zunächst über eine Million Buchungen storniert und diese Stornierungen sogar vorfinanziert. Möglich war das, weil das Unternehmen in der letzten Finanzierungsrunde 2019 nochmal über 400 Millionen US-Dollar erhalten hatte.

Ein Jahr später spricht Johannes Reck mit dem Handelsblatt und erläutert, dass man zwar auch irgendwann hätte Mitarbeiter entlassen müssen, aber die meisten trotz der Situation an Bord bleiben konnten und das zum Teil sogar bei freiwilligem Gehaltsverzicht. Der Umsatz habe sich bei 200 Millionen Euro einpendeln können. Das Krisenmanagement des Start-ups ist dabei nicht zu unterschätzen. Dadurch, dass man schnell reagiert hat, konnte auch das Vertrauen der Investor:innen gestärkt werden, sodass sogar nach Eintreten der ersten massiven Reiseeinschränkungen weitere 80 Millionen Euro an Kreditlinie der Firma gewährt wurden.

Die Geschichte zeigt, wie resilient ein Start-up mit einem guten Geschäftsmodell sich in einer großen Krise zeigen kann.

Es ist nicht möglich vorauszusagen, inwieweit sich die aktuelle Krise um den Krieg in der Ukraine und dessen unmittelbare

Folgen auf Start-ups im Speziellen auswirken wird. Die Ukraine ist seit Jahren eng verwoben mit vielen Start-ups, weil sie exzellente Software-Entwickler:innen ausbildet und viele davon dann direkt dort arbeiten. Bisher hat der Krieg aber für Start-ups zu weniger krisenhafter Verwerfungen geführt als beispielsweise die Corona-Krise. Bei aller Dramatik muss man auch sehen, dass der Konflikt bisher regional beschränkt ist und die betroffenen Regionen kaum Relevanz als Märkte für die allermeisten Start-ups in Deutschland haben. Allerdings ist die galoppierende Inflation bedrohlich, da Verbraucher:innen zunehmend auf Kosten achten werden und weitere Erlösquellen wie Werbung etc. auch direkt betroffen sind, weil Budgets knapper werden. Allerdings zeigt auch die Corona-Krise bereits, dass viele Start-ups aus Krisen profitieren können, weil sie digitale Services und Angebote treiben, die sich besonders schnell auf neue Gegebenheiten anpassen können. Voraussetzung ist, dass es Gründer:innen gibt, die verstehen, dass sie es sind, die in der Krise diese Verantwortung auf sich nehmen müssen.

## Was sind Start-ups?

Datengrundlage des KfW-Start-up-Reports ist der KfW-Gründungsmonitor, der jährlich durch eine telefonische Befragung von rund 50.000 zufällig ausgewählten, in Deutschland ansässigen Personen erhoben wird. Das Erhebungsdesign erlaubt die Auswertung repräsentativer Ergebnisse, die auf die Erwerbsbevölkerung in Deutschland hochgerechnet werden können. Als Start-up-Gründerinnen und -Gründer werden dabei alle Personen gezählt, die vor höchstens 5 Jahren neu gegründet haben, im Vollerwerb gewerblich tätig sind, ein Gründungsteam oder Beschäftigte haben, innovationsorientiert sind oder stark wachsen wollen.

Quelle: KFW-Gründungsmonitor

# Du bist ein:e Held:in

Schweißgebadet wache ich auf und weiß, dass ich nicht lange geschlafen habe. Ich schaue auf die Uhr: zwanzig vor vier – wie jede Nacht seit Wochen wache ich immer um die gleiche Zeit auf. Ich weiß, dass ich wieder stundenlang nicht werde einschlafen können, denn mein Unterbewusstsein arbeitet auf Hochtouren – jetzt geht mir wieder alles durch den Kopf, was mich schon fast vom Einschlafen abgehalten hätte. Ich muss dieses Problem lösen. Mir ist klar, dass es existenziell ist – ich weiß aber nicht wie. Ich bin CEO eines Start-ups, das ich vor einigen Monaten gegründet habe. Unser Produkt funktioniert nicht und wir wissen nicht, ob wir genug Zeit haben werden, es zu fixen. Ich habe mich mit meinem Mitgründer über die große Richtung gestritten. Richtig heftig und laut. Das Team blockt und wahrscheinlich wird der wichtigste Entwickler in den kommenden Tagen kündigen. Seit gestern ist klar, dass wir uns in einer Pandemie befinden, und der erhoffte Investor hat in einer E-Mail geschrieben, dass er seine Entscheidung von den Entwicklungen der nächsten Wochen abhängig machen will.

Alle diese Katastrophen treten in der Regel nicht gleichzeitig ein. Dennoch ist es hilfreich, auf ihr Eintreten gefasst zu sein. Ich kenne nach zwanzig Jahren im Start-up-Bereich viele schlaflose Nächte und einige brenzlige Situationen. Und ich kenne nur Gründer:innen, die Ähnliches erlebt haben.

Dieses Buch handelt vom *Worst Case* – davon, wenn man im Englischen sagen würde: *When the shit hits the fan.* Letzten Endes geht es darum zu verstehen, dass man am Ende nur selbst die Person ist, die die Dinge in die Hand nehmen kann. Frei nach dem Prinzip: *Aufstehen, Krone gerade rücken und weitermachen!*

Es handelt von Krisen und von Held:innen, wie Unternehmer:innen es sind – oder im Begriff sind, es zu werden. Davon, was es bedeutet, nicht aufzugeben – auch, wenn es aussichtslos erscheint – und für die eigene Idee, für dein Team und für den gemeinsamen Erfolg zu kämpfen.

Als Gründer:in muss man lernen, mit den neuen Anforderungen umzugehen. Viele Dinge sind einem völlig unbekannt und man muss sie sich – manchmal schmerzhaft – erarbeiten. Immer wieder gerät man an seine eigenen Grenzen und möchte aufgeben. Und dann kommt plötzlich auch noch die Krise. Diese Situation, die sich nicht einfach aus sich selbst heraus auflöst, die sich bedrohlich vor einem auftürmt.

Seit über 20 Jahren bin ich unternehmerisch tätig. Ende 2000 habe ich begonnen, meine ersten Erfahrungen als früher Mitarbeiter eines Start-ups in Berlin zu sammeln. Wir haben viele Krisen durchlebt, zum Teil aus Unerfahrenheit, zum Teil, weil sie intrinsischer Bestandteil des Aufbaus einer Firma sind. Inzwischen arbeite ich an meinem dritten Start-up. Ich habe Erfolg und Misserfolg erlebt und gelernt, wie hart die Realität zwischen Vision und dem Erreichen seines Ziels, eine erfolgreiche Firma aufzubauen, sein kann. Vieles kann man lernen. Ich habe immer versucht, jungen Gründer:innen als Mentor mit Rat und Tat zur Seite zu stehen und das Gelernte weiterzugeben.

Ich habe gelernt, dass eine Krise – so existenziell sie erscheinen mag – nicht unüberwindlich ist. Es kommt aber sehr darauf an, wie man sich selbst dieser Herausforderung stellt. Es kann sogar sein, dass man aus einer Krise gestärkt hervorgeht, und genau hier hat die Krise die Möglichkeit, Held:innen zu schaffen. Man wächst über sich selbst hinaus, indem man sich der Aufgabe stellt und sich nicht von ihr einschüchtern lässt.

An was denken alle als Erstes, wenn sie an Helden denken? An die griechische Mythologie. Herkules, die Argonauten, Odysseus – unlösbare Aufgaben und Abenteuer. Was all diese Geschichten verbindet, ist das Prinzip der Heldenreise. Diese beginnt immer mit dem Ruf zum Aufbruch, gefolgt von der Weigerung, sich der Aufgabe zu stellen und der letztendlichen Einsicht, dass es keinen Ausweg gibt als den, die Herausforderung anzunehmen und sich auf den Weg zu machen. Im Falle eines Start-ups wird die Krise der Ruf an die Gründer:in sein. Man muss, sozusagen, den Weg in die Unterwelt gehen, um das Elixier zu finden, mit dem man das eigene Start-up retten kann.

Diese Erkenntnis wird bei vielen zunächst Unbehagen auslösen, weil durch eine Krise zu gehen beschwerlich ist oder unmöglich erscheint – und dennoch wird man zu der Einsicht gelangen, es tun zu müssen. Man muss sich einfach auf den Weg machen. Es *wird* viel Kraft kosten, viele Gespräche brauchen, man wird sich unterwegs von nahestehenden Mitarbeiter:innen trennen, vielleicht sogar von einem Mitgründer oder einer

Mitgründerin – aber man wird durch diese Herausforderungen auch über sich selbst hinauswachsen.

**»Die Erfahrung zeigt, dass man Krisen überwinden kann und sogar Gutes aus ihnen entsteht.«**

Krisen haben immer etwas Bedrohliches. Egal, ob internationale Krisen den Frieden bedrohen oder es an der Börse eine Krise gibt. Sie sind vergleichbar mit einer Naturgewalt – einem Erdbeben oder einem Sturm. Sie rütteln auf, man wird gezwungen zu handeln. Am Ende stellt man fest, dass man klarer, selbstsicherer, reifer geworden ist. Wenn ein Start-up dieses Unwetter überstanden hat, dann weiß man: Es steht auf solidem Grund. Und was die Sturmböen nicht überlebt hat, waren vermutlich nur eitle Hirngespinste oder überflüssiger Ballast.

So kann man Krisen nutzen, um sich neu aufzustellen und längst Überfälliges zu ändern.

Mit einem Wort: Eine Krise ist eine riesige Chance. Sie gehört zur Entwicklung eines Unternehmens wie zum Leben eines Menschen und bewirkt eine Erneuerung oder Verfestigung, sie schmiedet den Charakter und schenkt ihm die nötige Tiefe, um wirklich Außergewöhnliches zu vollbringen.

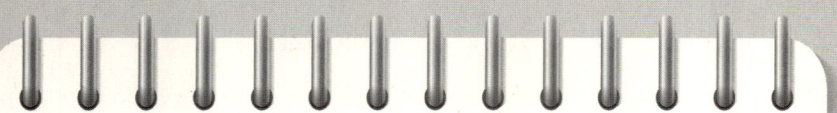

An Dich, liebe Gründerin und lieber Gründer,

ich schreibe dieses Buch, um Dich auf Deiner Heldenreise zu begleiten, um Dir zu zeigen, dass es Möglichkeiten gibt, aus schwierigen Situationen herauszufinden und dass Du nicht allein damit bist. Ein Start-up zu gründen und sich selbstständig zu machen, erfordert viel Mut und Willenskraft. Dass dabei nicht immer alles glatt geht, ist normal. Egal, ob Du bereits Gründer:in bist, ob Du vorhast, das nächste Google zu bauen oder der Marktführer für fliegende Autos werden möchtest, Du wirst in zahlreichen Situationen an Deine Grenzen kommen. Ich habe in vielen Jahren erlebt, dass die Erfahrung anderer mir sehr geholfen hat, Entscheidungen zu treffen und vor allem, mir klarzumachen, dass es (eigentlich) immer einen Weg gibt, Dinge zu verändern und Entwicklungen zu beeinflussen. Wichtig ist nur, dass Du die Initiative ergreifen musst. Das ist die gute und die schlechte Nachricht in einem: Es liegt in *Deiner* Hand. *Deine* Heldenreise musst Du allein antreten.

Der Weg der Heldin und des Helden kann manchmal verdammt einsam sein. Und genau deshalb habe ich dieses Buch geschrieben. Es soll Dir in den schlaflosen Nächten ein Gefährte sein und Dir diesen Trost mit auf den Weg geben: Erstens – Du bist nicht allein, jede:r Gründer:in geht da durch. Zweitens, alles geht einmal vorbei. Es gibt einen Punkt, an dem die Krise ihren Tiefpunkt erreicht hat – und dann weißt Du, dass es aufwärts geht – und dann heißt es eben mal wieder aufstehen, Krone gerade rücken, weitermachen...

Bis dahin kannst du die Zeit nutzen und einen unermesslichen Erfahrungsschatz für Dich sammeln, den jede Krise in sich birgt. Denn eines der großen Geheimnisse ist, dass eine Krise Dir die größten Chancen zum Lernen bietet. Held:innen werde nicht bei »eitel Sonnenschein« geboren. Sie erwachen erst in Momenten der größten Herausforderung und erkennen dann, was eigentlich in ihnen steckt.

Mit jeder überstandenen Krise wird der Held oder die Heldin stärker, weshalb manche Krisen auch schon gar nicht mehr scheuen, sondern ihnen mit der Neugier entgegengehen – »Was gibt es jetzt zu lernen?«.

Ich habe selbst Rückschläge und Krisen als Unternehmer erleben müssen. Sicher, ich hätte gerne darauf verzichtet und wäre einfach nur mit dem, was ich gemacht habe, erfolgreich gewesen. Denn seien wir doch ehrlich – erfolgreich sein ist einfach cooler als nicht. Leider ist es aber so, dass man aus Misserfolgen mehr lernt. Keiner möchte Fehler ein zweites Mal machen, deswegen lernt man aus Krisen so viel.

Um Krisen auf diese Weise zu meistern und an ihnen zu wachsen, braucht es lediglich das richtige mentale Rüstzeug. Und genau das möchte ich Dir mit diesem Buch mit auf den Weg geben.

Am Ende dieses Buches wirst Du hoffentlich zu denen gehören, die der nächsten Krise mit einer gewissen Neugier und Gelassenheit und echtem Helden-Mut entgegenblicken.

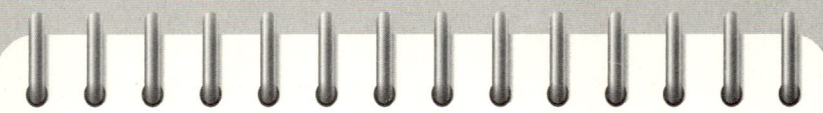

## KAPITEL 1

# Keiner hat gesagt, dass es einfach wird

*»In der Krise beweist sich der Charakter.«*

HELMUT SCHMIDT, EHEMALIGER
DEUTSCHER BUNDESKANZLER

Nach vielen anstrengenden und ungewissen Monaten war es endlich so weit. Manuel, Jens und Lukas hatten es geschafft. Der Notartermin besiegelte die erste Finanzierungsrunde. Dafür hatten sie als Team unzählige Präsentationstermine absolviert, Hunderte E-Mails geschrieben und viele Male ihren Businessplan überarbeitet. Sie hatten nächtelang gemeinsam im provisorischen Büro verbracht – alles nur, um ihre Vision in die Tat umzusetzen. Sie wollten der immer größer werdenden Zahl an Nutzern digitaler Streaming-Angebote das anbieten, was ihre Eltern noch Programmzeitschrift nannten. Einen digitalen Guide durch den Dschungel an Videos, Filmen und Dokumentationen – mit interaktiven Elementen. Nutzer empfehlen anderen Nutzern, was man sich ansehen muss. Professioneller Content gemischt mit Kritiken und Erfahrungen der eigenen Community. Das Konzept hatte zwei Investoren so sehr überzeugt, dass sie den drei Gründern 500.000 EUR gaben. Sehr viel Geld, mit dem man – das stand an dem Tag außer Frage – etwas Großes aufbauen kann.

Ich hatte den dreien in den ersten Monaten als Mentor zur Seite gestanden und abends feierten wir den Erfolg. Sehr sogar. Wir haben auf den Tischen getanzt. Nach all den Wochen der Anspannung konnten wir jetzt endlich loslassen. Die Pflicht war erfüllt, jetzt kam die Kür!

Drei Monate nach diesem Abend waren es nur noch Manuel und Jens. Lukas war mit den wachsenden Anforderungen und dem Druck, ein Unternehmen aufzubauen, nicht zurechtgekommen. Er ist eines Tages einfach aufgestanden, hat das Büro verlassen und ist nicht wiedergekommen. Was ihn überfordert hatte, waren die zahlreichen Herausforderungen, die sich ergeben, wenn man etwas Neues beginnt. Keine dieser Aufgaben war unlösbar, aber für ihn anscheinend so erdrückend, dass er nicht weiter machen wollte. Ironischerweise wurde sein Weggang dann aber zur ersten echten Krise, denn die beiden anderen mussten plötzlich die Arbeit ihres Mitgründers kompensieren und vor allem so schnell wie möglich jemanden finden, der die technische Umsetzung des Produktes übernehmen konnte.

> **»Ein Unternehmen aufzubauen,**
> **ist immer ein Abenteuer.«**

Jeder Tag bedeutet neue, turbulente und dynamische Herausforderungen. Allein ein Unternehmen in Deutschland anzumelden, bedeutet viele einzelne Schritte abzuarbeiten und sich dafür mit Anwälten, Notaren, Banken, dem Steuerberater, der Berufsgenossenschaft, dem Finanzamt und einigen anderen Instanzen auseinandersetzen zu müssen. Wenn man das noch nie gemacht hat, ist jeder dieser Schritte unbekannt. Man muss sich herantasten und andere um Rat fragen. Parallel dazu musst man aber auch am Produkt weiterarbeiten, die ersten Mitarbeiter:innen einstellen und koordinieren. Die ersten Personalgespräche können stressig sein.

Mit der Zeit lernt man, mit vielem davon umzugehen. Wie so oft im Leben muss man *es einfach mal gemacht haben*, und dann verliert es schon an Dramatik. »Wie gründe ich denn eine GmbH?«, kann eine sehr schwierige Frage sein, bis man jemandem gegenübersitzt, der es weiß und ganz ruhig erklärt, wie das gemacht wird und wie schnell es geht. Neben diesen vielen neuen Herausforderungen, die ihren Schrecken schnell verlieren, gibt es aber einige, die sich sehr davon unterscheiden. Sie werden sich nicht so einfach lösen lassen und sie verschwinden vor allem nicht einfach wieder. Sie sind in ihrer Komplexität und Dynamik einfach zu groß. Dadurch können sie existenziell für dein Start-up werden und sich zu Krisen auswachsen.

In diesem Buch werde ich verschiedene Krisen für Gründer:innen beschreiben und was zu tun ist, um ihr Start-up zu retten. Denn das ist, was eine Krise von einer der vielen Herausforderungen unterscheidet – *am Ende kann sie immer existenziell für ein Start-up sein.* Deshalb ist es auch so wichtig zu verstehen bzw. mit einer seismischen Sensibilität zu fühlen, ob es sich um eine Krise handelt und Methoden zu entwickeln, darauf zu reagieren. Nur dann hat man die Chance, die Heldenreise anzutreten.

Egal ob Start-up, traditionelles Familienunternehmen oder jede andere Form der Selbstständigkeit:

> **»Unternehmertum heißt, Dinge anzupacken, sie in die Hand zu nehmen.«**

Getrieben von einer Idee und einer Vision verfolgt man das Ziel, erfolgreich zu sein. Ich kenne keine:n Unternehmer:in, keine:n Start-up-Gründer:in, die oder der das nicht unterschreiben würde. Unternehmertum kann sehr erfüllend sein und wenn es funktioniert, wird es einen vielleicht sehr vermögend machen. Der Weg dorthin ist aber anstrengend. Manchmal wirkt es auf uns wie eine nicht enden wollende Aneinanderreihung von Problemen, die es zu lösen gilt. 1993 erlebt Phil Connors, gespielt von Bill Murray, im Film *Und täglich grüßt das Murmeltier*, den gleichen Tag wieder und wieder: Der Wecker klingelt, er steht auf und schon auf dem Weg ins Büro trifft er immer genau die gleichen Menschen zu genau derselben Zeit. Er erlebt exakt den gleichen Tagesablauf jeden Tag von Neuem. Das erinnert an das Unternehmertum. Der Wecker klingelt, der Tag beginnt mit vielen E-Mails, Meetings, Zoom-Calls. Viel Routine, aber auch viele neue Herausforderungen, die man aus dem Weg räumen muss, um seine Geschäftsidee zu einem Erfolg zu führen. Und manchmal hat man abends das Gefühl, jetzt seien alle Probleme gelöst. Und am nächsten Tag klingelt der Wecker und man erlebt das Gleiche wie am Tag zuvor. Phil Connors versteht aber langsam, dass er durch Kleinigkeiten, die er ändert, den Ablauf des immer gleichen Tages beeinflussen kann. Er versteht, dass er jede Wiederholung verbessern kann und sich in der Summe dieser Veränderungen eine Chance ergibt, die Zeitschleife zu verlassen, in die er geraten ist.

Auch in den ersten Monaten eines Start-ups wird man sich manchmal fühlen wie im Hamsterrad – oder wie Phil Connors. Jeden Tag wird man mit der Aufgabe konfrontiert, Hürden wegzuräumen und sich neuen Herausforderungen zu stellen. Es hört nicht auf.

> **»Man wird lernen, welche Veränderungen
> es möglich machen, die Dinge
> wirklich zu beeinflussen.«**

Selbst ein mittelständisches Familienunternehmen wird sich ständig neuen Herausforderungen und Problemen stellen. Der Unterschied zwischen etablierten Unternehmen und jungen Start-ups ist nur, dass viele dieser Probleme für die Handelnden neu sind, weil sie auf keine Erfahrungen zurückblicken können. Generell betrifft es aber jeden, der ein Unternehmen gründet und jede, die ein Unternehmen leitet. Viele dieser sehr unterschiedlichen Herausforderungen kann man lösen, sie lösen sich sogar manchmal von allein.

Dann gibt es aber auch Ereignisse, bei denen man wirklich nicht weiterweiß. Man wird jemanden um Hilfe bitten oder einen Profi hinzuziehen. Solche Herausforderungen ergeben sich fast natürlich, denn sie sind charakteristisch, wenn man etwas Neues wagt. Ein Start-up ist immer auch davon geprägt, dass sich unternehmerisch motivierte Menschen auf den Weg machen, Neuland zu betreten. Gleichzeitig begibt man sich aber in ein etabliertes System – den freien Markt – und der hat es in sich: Vorschriften, Regulierungen, Verpflichtungen, Abhängigkeiten und so weiter. Dabei ergeben sich zwangsläufig Komplexitäten, die man nicht vorhersehen oder planen kann. Mit zunehmender Erfahrung wird es hier routinierter, aber selbst Gründer:innen, die schon mal ein Start-up aufgebaut haben, werden recht schnell in Situationen kommen, die schwer lösbar erscheinen oder von denen sie nicht sofort wissen, wie damit umzugehen ist. Nun hätte man den Weg als Unternehmer:in nicht gewählt, wenn man nicht bereit wäre, sich solchen Herausforderungen zu stellen.

Dann gibt es aber eben solche Schwierigkeiten, die sich nicht einfach auflösen und die man auch nicht in ein paar Tagen vergessen kann. Aus ihnen werden größere Probleme – und daraus können auch Krisen erwachsen. Eine Krise ist also ein Zustand, der das Fortbestehen des Unternehmens akut gefährdet.

Aber gehen wir nochmal einen Schritt zurück und versuchen zu verstehen, wie sich normale unternehmerische Herausforderungen von schweren Problemen und von Krisen unterscheiden. Das ist die Voraussetzung dafür, dass man später besser und schneller identifizieren kann, worum es sich handelt.

> **»Die ersten Wochen und Monate mit dem eigenen Start-up bringen täglich neue Herausforderungen. Viele davon erscheinen zunächst als schwierig, einfach nur, weil man es noch nie gemacht hat.«**

»Soll ich eine GmbH gründen oder reicht eine UG (Unternehmergesellschaft)?«, »Muss ich überhaupt gleich eine Gesellschaft gründen?« Mich fragte neulich ein junger Gründer, ob er bei der Gründung einer GmbH die 25.000 EUR an den Notar bezahlen müsse. Dumme Frage? Nein, einfach nur Unerfahrenheit, aber für den, der es nicht weiß, eine Herausforderung. Von diesen Beispielen gibt es sehr viele. Die Seed-Runde (erste Finanzierungsrunde, bevor das Produkt marktreif ist) ist abgeschlossen, du hast endlich ein bezahlbares Büro in der richtigen Lage und Größe gefunden und plötzlich will der Vermieter die BWA (Betriebswirtschaftliche Auswertung) der letzten sechs Monate, eine Bankbürgschaft mit persönlicher Haftung oder lehnt wegen fehlender Bonität eine Vermietung direkt ab. Aus Sicht eines jungen Gründer:innen-Teams fühlt sich sowas gegebenenfalls schon an wie eine Krise. Es ist aber ganz normal. Vieles kann man nachlesen, direkt googlen oder man fragt Freunde. Generell muss man sowieso sagen, dass man über die Zeit – und das ist das Gute – solchen Dingen gegenüber eine andere Stressresistenz entwickelt. Ein ähnliches Problem ist beispielsweise der Umgang mit Mitarbeiter:innen: wie führe ich Einstellungsgespräche, wie gehe ich damit um, in der Probezeit Mitarbeitende zu entlassen und was mache ich, wenn mein wichtigster Mitarbeiter kündigt, weil er ein besseres Angebot bekommen hat? Im Zweifel habe ich so etwas noch nie gemacht und ich fühle mich überfordert. Welche Worte wähle ich, was muss ich sagen, muss ich darauf hinweisen, dass man sich beim Arbeitsamt melden muss? All diese Fragen brauchen Erfahrung, wie so oft im Leben, und man wird sie lösen können.

Dann gibt es aber auch diese Herausforderungen, bei denen man schon mal eine schlaflose Nacht hat. In den ersten Monaten nach der Gründung eines Start-ups haben Gründer:innen viel damit zu tun, den Laden zum Laufen zu bringen, Personal einzustellen, das Produkt zu bauen, Gehälter pünktlich zu zahlen, Content-Lizenzen zu verhandeln und so weiter. Und dann kommt dieses Schreiben vom Finanzamt, mit der Ankündigung einer Sozialversicherungs-Sonderprüfung. Das hat immer etwas Bedrohliches – zumindest geht es mir so, wenn solche Briefe kommen. Es sind Fristen genannt, es stehen Auflagen in dem Schreiben, es ist der Staat, der dort an die Tür klopft. Der Reflex ist klar – erster Griff zum Telefon, jemanden anrufen, der etwas davon versteht. Den Steuerberater oder befreundete Gründer:innen, denn ein ganz wesentlicher Punkt bei der Bewältigung solcher Situationen ist, dass man erstmal versteht, worum es geht. Ist das ein routinemäßiger Vorgang? Was sind die Hintergründe, was muss jetzt vorbereitet werden, brauche ich Fachunterstützung? Und dann: antworten auf das Schreiben. In 95 % aller Fälle wird man feststellen, dass in Behörden auch nur Menschen sitzen und sobald man mit denen beginnt zu kommunizieren, lassen sich die Dinge organisieren. Man wird Fragen stellen können, Hintergründe verstehen und so weiter. Ganz schlecht beraten ist man hier, wenn man so ein Schreiben einfach ignoriert oder unverschämte E-Mails zurückschreibt.

Hier ist ein weiteres Beispiel für ein Problem mit erheblicher Tragweite, das aber keine Krise darstellt. Es ist das erste Produkt und das Team hat das letzte halbe Jahr intensiv an einem Sales-Lead gearbeitet. Es sind viele E-Mails ausgetauscht worden, man hat gegebenenfalls eine erste Testphase schon besprochen. Kommende Woche soll der große Präsentationstermin beim Kunden stattfinden, um »den Sack zuzumachen«. Es geht um viel Umsatz, den Beweis, dass das Produkt funktioniert – das hat man auch dem eigenen Board (Beirat) schon mitgeteilt. Man freut sich auf diesen Termin, hat eine Top-Präsentation vorbereitet und am Freitagnachmittag um 17:00 Uhr kommt der Anruf: Also es täte ihnen wahnsinnig leid, aber sie hätten jetzt nochmal intern das ganze Thema besprochen und jetzt das Gefühl, dass es doch nicht der richtige Zeitpunkt sei. Der

Kunde sagt also ab und mit der Absage schwindet die Hoffnung auf die nächste Finanzierungsrunde, sechs Monate harte Arbeit waren umsonst, das kommende Board-Meeting wird nicht einfach und die eigene Motivation erlebt einen Tiefpunkt. Das ist niederschmetternd und es kann sein, dass sowas auch existenziell wird. Aber in der Regel ist das etwas, womit man umgehen kann. Man muss sich mit seinem Team hinsetzen und verstehen, wie das zu kompensieren ist und welche Konsequenzen das wirklich für die Firma hat.

Natürlich kann man auch mit solchen Situationen umgehen. Es ist keine Krise – auch wenn sich das schon sehr danach anfühlen mag.

>**Ein guter Indikator ist immer, sich selbst zu fragen, ob das aktuelle Problem eigentlich zum Wesen eines Start-ups gehört.**«

»Glaube ich, dass es normal für ein Start-up ist, dass ein wichtiger Kunde einen Termin absagt?« – »Ja.« Im Vergleich dazu die Frage:»Glaube ich, dass es normal für ein Start-up ist, dass das Team kurz davor ist, auseinanderzubrechen?« Ich denke, die Funktion dieser Frage ist klar geworden.

Kommen wir nun zu solchen Herausforderungen, die ich klar als Ursache einer Krise definieren würde. Sie bleiben in der Regel unberührt von persönlichen Erfahrungen. Der Grund dafür ist – und auch das ist Wesen einer Krise – dass die Umstände und Einflüsse in großen Teilen außerhalb der direkten Einflussnahme liegen. Die eingeschränkte direkte Handlungsfähigkeit und gleichzeitige existenzielle Bedrohung verstärken sich gegenseitig. Je früher und je entschlossener man handelt, umso höher sind die Chancen, das Steuer herumzureißen.

In den nächsten Kapiteln werden wir anhand konkreter Beispiele versuchen zu analysieren, wie individuell Krisen daherkommen können. Was aber alle Formen und jede Situation eint, ist die Zeit. Je schneller man lernt zu reagieren, umso besser stehen die Chancen dann auch, damit umzugehen. Oder um auf die Heldenreise zurückzukommen: Je schneller man die Weigerung überwindet, sich der Aufgabe zu stellen, umso schneller wird man sich auf den Weg machen können. Das soll aber nicht im Umkehrschluss heißen, dass man nicht auch entschlossen handeln muss, wenn man erst spät reagiert. Das ist im Übrigen ohnehin ein wichtiges Motiv, das sich auch wieder in der Figur des Helden oder der Heldin manifestiert. Odysseus hat sich nicht nur auf die Reise begeben, sondern seine Mannschaft mitgenommen. In keiner Phase ist Leadership so wichtig wie in einer Krise – und da ist es egal, ob es sich um ein Frühphasen-Start-up im ersten Jahr oder einen Weltkonzern mit mehreren Zehntausend Mitarbeiter:innen handelt.

## »Krise ist Chefsache.«

Es geht darum, Entscheidungen herbeizuführen und das unter Einbeziehung aller Betroffenen. Es geht darum, ein Team auf eine Krise einzuschwören und sowohl auf harte Einschnitte vorzubereiten als auch Loyalität einzufordern. Die richtige Führung wird entsprechend auch einen hohen Anteil daran haben, ob es gelingt, eine Krise zu meistern oder nicht. Man kann eine Krise nicht delegieren und man darf sich vor allem nicht darauf verlassen, dass irgendjemand auf der Bildfläche erscheint, der diese Aufgabe übernimmt. Wenn man sich dem nicht stellt, wird es am Ende nur der Insolvenzverwalter sein, der erscheint.

Die nächsten Kapitel sollen zeigen, wie Krisen zu identifizieren sind und anhand von Beispielen helfen, eine »seismische Sensibilität« dafür zu entwickeln. Es geht eben nicht darum, hinter jedem Problem gleich eine Krise zu vermuten, sondern darum, sofort in den Krisenmodus zu schalten, wenn es nötig ist. Im Zweifel reagiert man lieber einmal zu schnell und zu viel als einmal zu spät. Man kann immer sagen: »Ich habe da überreagiert.« Aber man kann später nicht mehr sagen: »Hätte ich mal reagiert«. Das Buch wird uns durch verschiedene Arten von Krisen führen und in der Weltkrise gipfeln. Die Idee zu diesem Buch ist auch beeinflusst von der aktuellen Corona-Pandemie, die seit 2020 die gesamte Welt erfasst hat. Eine Ausnahmesituation, wie sie unternehmerisch selten zu meistern ist. Sicher gibt es Unternehmen inklusive Start-ups, die sogar von einer Krise profitieren, aber für viele kam das Ausmaß und die Wucht unerwartet, und es waren nicht einzelne Firmen schlecht vorbereitet, sondern ganze Volkswirtschaften.

Fassen wir nochmals zusammen:

- Krisen sind immer eine existenzielle Bedrohung für Start-ups, aber man kann sie erkennen und man kann mit ihnen umgehen.

- Entscheidungen sind zeitsensitiv, das heißt, sie müssen schnell getroffen werden. Je früher, desto besser. Dabei kommt es auf echtes Leadership an. »Helden werden in der Krise geboren«, denn hier beweist es sich, wer sich in die Unterwelt aufmacht und das rettende Elixier findet und als Held:in zurückkehrt.

- Krisen können auch immer Chancen bieten, wenn man sich der Aufgabe stellt. Sie eröffnen die Möglichkeit, die Schwächen des Moments zu nutzen, Dinge neu zu organisieren und dadurch etwas ganz Neues zu erschaffen. So ist man für die Zeit danach oft besser aufgestellt.

Ein Beispiel hierfür ist Google: Anfang der 2000er-Jahre war Google ein junges Start-up, das außerhalb des Silicon Valley niemand kannte. Die führende Suchmaschine war *Yahoo!*, gefolgt von *Altavista* und *Infoseek*. Das Geschäftsmodell war Banner-Werbung auf der Startseite. Googles sogenannte »Page-Rank-Technologie« war zunächst als White-Label-Ansatz gestartet (sie wollten beispielsweise an *Yahoo!* ihre Technologie lizensieren, aber nicht unter der Marke *Google*), mit dem Ziel, diese Technologie an andere zu verkaufen, aber keiner wollte. Im Sommer 2001 holten die beiden Gründer Eric Schmidt als CEO an Bord und wenige Wochen später flogen Terroristen in das World Trade Center in New York – die Katastrophe des 11. September 2001. In der Folge stürzte die Welt in eine Krise, die den Afghanistan- und den Irakkrieg nach sich zog. Dadurch wurden die Finanzmärkte volatil und es war sehr schwierig, an frisches Kapital zu kommen. Zudem hatten die Ereignisse viele Menschen und Nutzer:innen weltweit sehr verunsichert. Google drehte in dieser Zeit seine Strategie und wollte selbst eine Marke werden. Während die Welt sich nicht mehr um die Innovationen aus dem Silicon Valley kümmerte, entwickelte Eric Schmidt mit Google das Geschäftsmodell, dass das Internet bis heute dominiert – Auktionen auf Suchbegriffe. Als die Weltwirtschaft wieder Fahrt aufnahm, hatte man in Mountain View seine Hausaufgaben gemacht. Im Jahr 2001 machte Google immerhin schon 86 Millionen Euro Umsatz, im Jahr danach schon 348 Millionen Euro, und 2020 machte Google 187 Milliarden Euro Umsatz und verbuchte fast 90 Prozent aller weltweiter Suchanfragen im Internet.

In den folgenden Kapiteln werden acht verschiedene Krisen aus Sicht von Start-up-Gründer:innen beschrieben. Natürlich ist das keine Zusammenstellung, die den Anspruch auf Vollständigkeit erhebt. Es wird viele Gründer:innen geben, denen noch andere Krisen einfallen oder die die beschriebenen Krisen nicht als solche erlebt haben. Dennoch sind mir in vielen Jahren als »Start-upper« immer wieder diese Situationen begegnet, in persönlichen Erlebnissen und bei Gründer:innen und Teams, die ich begleiten durfte. Das einleitende Zitat von Helmut Schmidt, dem ehemaligen deutschen Bundeskanzler, hing im Treppenhaus meines Zahnarztes. Ich kann nicht sagen, ob es jemand dort hingehängt hatte, im Verweis auf die Corona-Krise, oder ob es mit den Behandlungsmethoden meines Arztes zu tun hatte. Ich finde aber, es liegt viel Wahres darin, denn Krisenmanagement hat, wie wir sehen werden, viel mit Charakter zu tun. Beginnen wir also mit einer Krise, die sofort an der Daseinsberechtigung eines Start-ups und damit an der einer Gründer:in kratzt. Was ist, wenn das Produkt nicht funktioniert, oder, wie man im Silicon Valley sagt: *When it sucks!*

# Gründer-Storys

Ich freue mich sehr, dass ich hier und auch nach den folgenden Kapiteln ein paar Einblicke und Erkenntnisse von anderen Gründer:innen zum Thema weitergeben kann. Am Ende des Buches habe ich mich bei diesen nochmal ausdrücklich bedankt:

»Die Antwort von Hemingway auf die Frage: *How did you go bankrupt?*, lautete: *Gradually then suddenly* – und stimmt für mich auch hier. Viele Krisen kommen am Anfang langsam und nicht ganz offensichtlich, dafür kommen sie dann auf einmal mit voller Wucht. Ich selber habe die Erfahrung gemacht, dass mein Bauchgefühl für mich immer der beste Indikator gewesen ist. Alle großen Krisen und Probleme habe ich intuitiv gespürt, bevor sie analytisch erkennbar wurden. Daher ist es aus meiner Sicht sehr wichtig, ein gutes Gefühl dafür zu bekommen, Krisen früh zu erkennen und die ersten Anzeichen sehr ernst zu nehmen und nicht zu denken: *Es wird schon irgendwie werden.* Ich beschreibe das gerne als einen *healthy state of panic*, in dem man als Unternehmer:in permanent sein sollte, weil das verhindert, dass man sich zu sehr in Sicherheit wiegt.«

JAN BECHLER, FINC3

»Aufkommende Krisen erkennt man (zumindest nachträglich) an der Überhitzung vor der Krise. 2000 war es der Hype um Aktien ohne Geschäftsmodell, 2008 der Hype um intransparente Anlageinstrumente, die durch fehlende Kontrolle von Banken entstanden waren, und 2021 erlebten wir einen Hype um übersteigerte Marktgrößen für SaaS-Geschäftsmodelle sowie die Idee, dass wertlose Assets einen Wert bekommen können, bloß weil diese Assets in der Blockchain dokumentiert sind. Die Folge einer solchen Überhitzung ist dann oft eine übersteigerte Gegenbewegung kombiniert mit der Angst zu früh wieder in Aktien einzusteigen.«

MARTIN SINNER, IDEALO

»Viele Krisen kündigen sich an, wenn in den Medien, auf Social Media oder im Team verstärkt über ein Problem gesprochen wird. Diese Warnzeichen werden jedoch manchmal zur Seite gewischt oder nur als PR-Problem wahrgenommen, statt die Ursachen zu beheben. So verpassen Gründer:innen die Chance, eine Krise abzuwenden. Häufig geht es also nicht nur um das Erkennen der Vorzeichen, sondern auch um die Bereitschaft, ihnen ins Auge zu blicken. Es gibt aber auch Krisen, die sich gar nicht ankündigen. Es passiert etwas vollkommen Unvorhergesehenes wie eine Cyberattacke, ein Wegbrechen der Produktion oder Lieferkette oder ein plötzlich auftretendes Problem mit dem eigenen Produkt. Darum muss sich jedes Unternehmen auf Krisen vorbereiten. Alles andere ist grob fahrlässig.«

OLIVER AUST, EO IPSO COMMUNICATIONS

»Meist weiß man es schon vorab, ganz tief in sich drinnen. Man will es nur nicht wahrhaben. Daher ist es wichtig, sich immer wieder ein paar Stunden rauszunehmen und zu reflektieren. Wir sprechen im Gründerteam mindestens einmal im Monat darüber, was gut läuft, wo wir Probleme und Risiken sehen und wo man noch besser werden kann.«

SVEN LACKINGER, SASTRIFY

»Meine Erfahrung ist allerdings, dass Gründer:innen eine ausgeprägte subjektive, qualitative Antenne für schwieriger werdende Zeiten haben, unabhängig von objektiven Parametern. Dieses Bauchgefühl muss nicht Zeichen einer Krise sein, denn Gründer:innen schwanken laufend zwischen Euphorie und Rückschlag. Wenn sich aber ein Sturm zusammenbraut, fühlt es sich anders an. Ich habe oft mit etwas Abstand von der Firma gespürt, dass sich etwas ankündigt – beim Sport oder in einer schlaflosen Nacht. Diesem Bauchgefühl nachzugehen und zu evaluieren, ob es auch objektive Anhaltspunkte gibt, hat nach meiner Erfahrung den Unterschied gemacht.«

TOM KIRSCHBAUM, DOOR2DOOR

»Die Krise setzt Kräfte frei. Nach einer toxischen Beziehung, die mich sehr mitnahm, hatte ich den noch viel stärkeren Wunsch nach einer Beziehung, die mir guttut. Und den Drive, sie mir zu erarbeiten. Oder: Nach einem 2016 verpatzten Internationalisierungsversuch hatte ich den noch viel stärkeren Ehrgeiz, in DACH profitabler Marktführer zu sein.«

STEPHAN BAYER, SOFATUTOR

## KAPITEL 2

# When it sucks! Wenn das Produkt einfach nicht ankommt

*»Houston – we have a problem!«*

JACK SWIGERT, APOLLO 13

Wir wollten den ganz großen Wurf schaffen. Unsere Musik-streaming-Website hatte zwar bisher einige Erfolge feiern kön-nen, aber der große Durchbruch stand noch aus. Wir hatten uns nicht dem Trend angeschlossen, einen On-demand-Service à la *Spotify* zu bauen. Das hätten wir uns auch gar nicht leisten können. Damit sich Nutzer:innen (fast) jeden Song der Welt aufs Smartphone holen können, muss man sehr viel Geld auf den Tisch legen. Wir hatten aber einen Weg gefunden, den-noch Millionen von Songs anbieten zu können. Wenn man im Internet das gute alte Radioprogramm anbietet, wobei der Nutzer keinen Einfluss hat, welcher Song als Nächstes gespielt wird, dann sind die Musiklizenzen um ein Vielfaches günstiger.

»Your Personal Radio« – das war unser Claim. Nach den ersten eineinhalb Jahren hatten wir uns entschlossen, einen radikalen Relaunch der Website zu machen. Die alte Website war ok, hatte aber bei den vielen Anpassungen in den ersten Monaten viel an Übersichtlichkeit eingebüßt. Wir taten uns mit der besten Agentur Berlins zusammen, die gerade berühmt geworden war, weil sie einen Dönerladen international bekannt gemacht hatte. Das neue Design war spektakulär. Alles war in ein quadratischen Grundmaß eingepasst. Die Farbsprache war grün. Das Herzstück der Website sollte der Player sein. Natürlich hatten wir Apps geplant, wir hatten auch eine Schnittstelle, sodass man das Programm auch auf der Sonos und dem Fernseher hören konnte, aber die Website war die Basis. Wir hatten für unsere Verhältnisse viel Geld in das Design gesteckt und extra viel Geld in die Programmierung. Nach Monaten der Arbeit bereiteten wir uns auf den großen Moment vor, den Launch. Wir waren total begeistert von dem Design, der Funktionalität, einfach von allem. Am Abend vor dem großen Tag kam uns die Idee, dass es doch gut sei, die Seite auch mal ein paar Nutzer:innen außerhalb der Firma zu zeigen. Also gingen wir auf die Straße und sprachen willkürlich Leute an, ob sie nicht Lust hätten, kurz mit uns nach oben zu kommen, um eine neue Musik-Website zu testen. Als Belohnung gab es eine Tafel Schokolade. Es kamen wirklich einige mit und wir setzten sie total gespannt vor den Bildschirm. Ganz selbstbewusst sagten wir, dass wir ihnen nicht verraten, was sie da sehen, sie sollte einfach intuitiv die Website benutzen. Wir waren uns sicher, dass sie nach wenigen Momenten mit einem Lächeln im Gesicht verstehen würden, dass sie eine wunderbare Musikmaschine vor sich hätten. Wir standen hinter den Leuten und schauten ihnen über die Schulter. Unsere Erregung wuchs, denn wir hatten ja monatelang auf diesen Moment hingearbeitet. Jetzt sollte sich zeigen, worauf wir immer gehofft hatten – ein großartiges Produkt findet zu seinen Nutzer:innen.

Es passierte aber nichts. Niemand fing an, den Player zu aktivieren und damit den Musikstream zu starten. Nach zwei, drei Minuten fragten wir dann, was denn los sei und alle antworteten, dass sie nicht wissen würden, was sie machen sollten. Wir zeigten ihnen dann den *Play-Button* in unserem dramatisch schönen Design – keiner hatte ihn von sich aus entdeckt. Der wichtigste Knopf auf der ganzen Website war für die Nutzer:innen unsichtbar. Wir hatten uns in unserer eigenen Begeisterung für das Produkt im Design verloren und vergessen, früh genug unsere Zielgruppe mitzunehmen: unsere Nutzer:innen. Es war mehr als dramatisch, denn wir hatten sehr viel Geld in die Entwicklung gesteckt und uns wurde schlagartig klar, dass das nicht mehr nur ein Problem war, wir hatten eine Krise.

Obwohl man alles richtig gemacht hat, kann es sein, dass das Produkt, an dem man monatelang gearbeitet hat, nicht funktioniert. Für Frühphasen-Start-ups ist es in der Regel das einzige Produkt und das ist existenziell. Man muss umgehend handeln.

> **»Man wird erst dann sehen, ob ein Produkt funktioniert, wenn man es auf den Markt bringt.«**

Natürlich wird man im Vorfeld vieles getan haben, um zu verstehen, ob ein Produkt auf dem Markt ankommt, ob es einen Markt gibt. Es gibt eine ganze Klaviatur an etablierten Methoden, um einen Produkterfolg noch vor dem Launch messen zu können. In der Regel startet man mit einem Prototyp bzw. einem Dummy. Diesen kann man früh einsetzen und einer Zielgruppe zeigen. Je nachdem wie komplex das Produkt ist, wird man auch schon zukünftige Produkteigenschaften vortesten können. Darüber hinaus gibt es in fast jeder Phase der Produktentwicklung weitere Methoden wie den *Wizard of Oz-Test*, bei dem Reaktionen der Nutzer:innen beobachtet werden können, bevor man mit der eigentlichen Entwicklung begonnen hat. Es gibt Fokusgruppen, Zielgruppenanalysen, Preissensitivitätsanalysen – alles Instrumente, um einen Produkterfolg so präzise wie möglich zu planen. Trotz all dieser zum Teil recht kostspieligen Vorsichtsmaßnahmen und einer strukturierten Planung kann es dennoch passieren, dass man das Produkt in einer ersten Version (Beta-Version) in den Markt bringt und schnell merkt, dass sich die Erwartungen nicht erfüllen.

Das ist zunächst fast normal: Schließlich waren es Hypothesen, die man versucht hat, im Laufe der Entwicklung weiter zu verifizieren. Es hat auch immer was mit Kaffeesatzleserei und dem Blick in die Kristallkugel zu tun. Ich weiß, dass mich eingefleischte Produktentwickler:innen jetzt wahrscheinlich sehr skeptisch ansehen würden, weil genau das ja nicht der Fall sein sollte. Aber in meiner Erfahrung ist am Ende der Produkterfolg trotz viel Energieaufwand auch eine Frage des Timings und des Moments. Und das lässt sich schwer in Befragungen vorher testen. Das heißt, wenn ein Produkt sich nicht unmittelbar nach der Markteinführung »wie geschnitten Brot« verkaufen lässt, muss das noch keine Krise sein. Es gibt viele Maßnahmen, die ein Nachsteuern jetzt noch möglich machen. Wenn ein Produkt in seiner Struktur fehlerhaft ist, wird es zwar lange dauern, aber Verbesserungen können erfolgreich umgesetzt werden. Digitale sind hierbei physischen Produkten überlegen – schon allein, weil man praktisch in Echtzeit über den Erfolg oder Misserfolg eines Produktes weiß. Bestes

Beispiel dafür ist der sogenannte A/B-Test. Dabei werden unterschiedliche Versionen des gleichen Produktes (bspw. einer Website) gleichzeitig auf den Markt gebracht. Jetzt kann man sehr schnell Schlüsse ziehen, welche Version beim Kunden besser ankommt und umgehend das weniger erfolgreiche Produkt vom Markt nehmen. Offensichtlich wäre dieser Prozess von Analyse bis Umsetzung bei physischen Produkten viel länger und schwieriger.

Letztlich ist es aber egal, ob digitales oder analoges Produkt.

»Man wird ein Produkt erst wirklich verstehen, wenn man versucht es zu verkaufen.« Erst dann wird sich zeigen, ob das Produktversprechen in Verbindung mit Werbemaßnahmen auch so vom Markt angenommen wird. Jetzt ist die große Frage, wie viel Zeit man hat festzustellen, ob ein Produkt funktioniert oder nicht.

Hier gibt es keine eindeutige Antwort. Je nach Produktkategorie kann es sehr unterschiedliche Maßstäbe geben. Für einige Produkte mag es gerechtfertigt sein, sich ein Jahr zu geben, um zu verstehen, ob das Produkt funktioniert. Im B2B-Segment (Business-to-business-Segment,        Geschäftskunden-Segment) sind Vertriebszyklen oft recht lang. Im Gegensatz zu den oben gerühmten Vorteilen eines digitalen Produktes wird hier eine Markteinführung lange dauern. Zunächst muss man ja ein Unternehmen davon überzeugen, dass es ein Produkt kaufen soll. Solche Prozesse können monatelang dauern. Das sind andere Umstände als eine Endnutzer-App – hier kann der Erfolg eines Produktes fast in Echtzeit gemessen werden.

Egal aber, wie lange man die individuelle Phase ansetzt, die Frage aller Fragen, die man sich stellen muss – und das ist eigentlich die einzige – ist die nach dem Grund, warum das Produkt nicht funktioniert. Was einem dabei im Weg stehen wird,

ist der Blick auf das eigene Produkt. Es macht keinen Sinn,
Dinge zu relativieren und sich schön zu reden. Es macht ebenso
keinen Sinn, sich innerhalb des Teams zu schonen oder auf Eitelkeiten und Befindlichkeiten Rücksicht zu nehmen. Wenn
die Daten und Resultate klar sind, dann muss man handeln.

> **»Am Ende steht und fällt der Erfolg jedes Start-
> ups nur mit dem Erfolg des Produktes.«**

Warum ein Produkt nicht funktioniert, kann unendlich viele
Gründe haben. Natürlich kann es sein, dass das Produkt technisch nicht einwandfrei funktioniert. Das mag daran liegen,
dass man eine sehr hohe Komplexität im Produkt hat. Das mag
daran liegen, dass für den eigentlichen Produktnutzen die vorhandene Ausstattung oder auch die gewählte Performance nicht
ausreichend ist. In der frühen Phase der App-Entwicklung haben viele Start-ups die Diskussion, ob man Apps nativ entwickeln sollte, also für iOS oder Android optimiert, oder ob man
das Gleiche auch mit einer browserbasierten bzw. hybriden Lösung erreichen kann. Während das individuelle Entwickeln
das meiste aus dem Smartphone rausholt, ist die sogenannte
»Cross-platform-Entwicklung« viel günstiger. Ein guter Grund
für viele Start-ups also, sich für diese Variante zu entscheiden.
Heute sind entsprechende Programme viel ausgereifter. Damals
konnte es bedeuten, dass man nach Monaten der Entwicklung
feststellte, dass die Leistung der App nicht stark genug ist. Das
gesamte Produkterlebnis war meilenweit von der Qualität entfernt, die es mit einer nativen Entwicklung gehabt hätte.

Ein anderes Beispiel ist, dass das Marketing nicht funktioniert. Man spricht die falsche Zielgruppe an oder wählt die falschen Kanäle und erreicht die Zielgruppe erst gar nicht. Es kann

auch sein, dass das Marketing nicht eindeutig ist. Eigentlich hat man ein tolles Produkt, aber das weiß niemand auf dem Markt. Und wenn keiner davon weiß, wird keiner drüber sprechen. Gerade in Zeiten von Social Media, Influencer:innen und dergleichen ist uns allen bewusst, dass das der wesentliche Grund für den Erfolg eines Produktes sein kann. Es gibt keine erfolgreichere Marketing-Kampagne als zufriedene Nutzer:innen, die über das Produkt sprechen. Weitere Gründe können sein, dass das Produkt zu teuer oder zu billig (das gibt's auch!) ist. Es kann lange dauern, bis man hier Klarheit hat. In diesem Sinne gilt, wie weiter vorne im Buch schon gesagt: Fehler finden und dann gehts weiter!

Es kann auch sein, dass man sich eingestehen muss, dass es keine Nachfrage für das Produkt gibt. Das heißt, dass das Produktversprechen keinen interessiert. Das kommt gar nicht so selten vor. Auch bei großen erfolgreichen Unternehmen. Google wollte dem Erfolg von Facebook nicht tatenlos zusehen und entwickelte mit großem Aufwand sein eigenes soziales Netzwerk: Google Circles. Es war technisch ausgereifter als Facebook zu der Zeit und durch Googles massive Marketingmöglichkeiten in allen Kanälen beworben. Das Produkt wurde vielfach angepasst, war kostenlos, wurde aber nie zu einem Erfolg und am Ende eingestellt. Sony entwickelte die MiniDisc. Die konnte die gleiche Anzahl an Songs speichern wie eine CD, war aber nur halb so groß. In der Herstellung wäre die MiniDisc günstiger gewesen, aufgrund des kleineren Durchmessers wären die Geräte kleiner und leichter geworden. Dennoch hat sich dieser neue Standard nicht durchgesetzt. Der Markt war zufrieden mit den CDs wie sie waren. In den 1980ern plante man ein weltumspannendes Netzwerk für günstige Satellitentelefonie. In den 1990ern begann man die Iridium-Satelliten in den Orbit zu schießen. Während man das Netz weiter ausbaute, entstand mit GSM ein weltweiter Standard für Mobiltelefonie. Dieser erlaubte es einfach und günstig zwischen den Netzen verschiedener Anbieter zu telefonieren. Die Explosion der Mobiltelefonie war die Folge und am Ende gab es keinen Markt mehr für Iridium.

Wenn klar ist, dass das Produkt, an dem man mit so viel Aufwand gearbeitet hat, nicht funktioniert, dann stellen sich eigentlich nur noch zwei Fragen.

### ▌ »Die erste Frage ist: Kann ich das Produkt *fixen*?« ▌

Ist es möglich, das Produkt so zu verbessern, dass man am Ende ein sehr gutes Produkt hat, das am Markt doch gut ankommt? Die zweite Frage wird dann sein: »Habe ich die Zeit und die Mittel dazu?« Wenn man feststellt, dass man das Produkt nicht fixen kann, muss man sich sehr konsequent überlegen, was das bedeutet. In einem Frühphasen-Start-up kann das heißen, dass man an dem Punkt angekommen ist, das Start-up abzuwickeln. Sollte man noch genug Geld auf der Bank haben, wird man versuchen, einen Pivot (= Schwenk) zu unternehmen und mit dem, was man hat (vor allem mit dem Team) ein neues Produkt zu bauen. Wenn man glaubt, es ist möglich, das Produkt zu fixen und das Geld und die Zeit aufzutreiben, sollte man alles daransetzen, das Produkt so schnell wie möglich umzubauen.

Hier liegt aber oft in der Realität die große Gefahr: Gerade in einer so kritischen Phase sind Geld und Zeit oft limitiert. Jede neue Finanzierungsrunde setzt voraus, dass man erfolgreich den nächsten Schritt zeigen kann und wenn der große Wurf nicht sofort gelingt, kann es schwierig werden, einen zweiten Versuch zu schaffen.

Wenn man also die Frage beantwortet hat, ob ein Problem zu fixen ist und ob man die finanziellen Mittel haben wird, dann ist – wie so oft in dem Abenteuer `Start-up´ – der zeitliche Faktor der entscheidende. Man muss so schnell wie möglich zu der Entscheidung kommen, was zu tun ist. Jedes Hinauszögern einer Entscheidung oder die Hoffnung, dass sich die Dinge noch zum Positiven wenden können, nimmt einem am Ende die Luft, die man nach hinten braucht, um etwa ein Pivot erfolgreich aufzusetzen oder das Produkt zu fixen.

Auch hier gilt das Motto: *Lieber ein Ende mit Schrecken als ein Schrecken ohne Ende.* Im Zweifel wird man radikal sein müssen und das Produkt vom Markt nehmen. Das ist keine einfache Entscheidung, denn in das Produkt sind viel Aufwand, Geld, Energie und Tränen geflossen, viel Ehrgeiz, viel Leidenschaft und gegebenenfalls lange Jahre der Vorbereitung. Vieles von dem, was man als Gründer:in eingebracht hat, jetzt infrage zu stellen, geht an die Substanz, denn es berührt natürlich auch die eigene Eitelkeit und es wird Fragen aufwerfen. Welche Außenwirkung wird das haben? Wie werden es andere wahrnehmen, wenn ich das geplante Produkt nicht erfolgreich bauen konnte?

Eines ist aber klar:

> **»Ein wirklich schlechtes Produkt kann man nicht fixen.«**

Man muss es einstellen. Es kann aber auch der Ruf zur Heldenreise sein. Man wird jetzt nicht aufgeben, sondern das, was aussichtslos erscheint, mit Ehrgeiz und Kraft zum Besseren wenden und eine Erfolgsstory schaffen. Es muss also nicht bedeuten, dass das Ende des Produkts auch gleich das Ende eines Start-ups ist. Es wird einen in die Lage versetzen, mit dem Team etwas Neues anzufangen. Es gibt viele Beispiele berühmter und weniger berühmter Start-ups, bei denen die Gründer:innen sich eingestanden haben, dass ihr Produkt nicht funktioniert, um dann das Produkt so zu fixen, dass es in einer angepassten Form zu einem Erfolg wurde. Twitter zum Beispiel hieß mal *Odeo* und war eine Plattform für Podcasts.

Die Entscheidung dazu erfordert Mut und den Willen, sich mit Mitarbeitern und Gesellschaftern auseinanderzusetzen. Das darf man nämlich bei einem solchen Schritt nicht unterschätzen. Man wird den genialsten Pivot nicht hinbekommen, wenn man es nicht schafft, sein Team mitzunehmen. Es geht darum, die Vision, für die das Team ursprünglich mal angetreten ist, auch in der neuen Richtung aufzuzeigen. Das Team hat monatelang an die eine Vision geglaubt, hat dahintergestanden, hat zu großen Teilen sehr viel Zeit und Energie und Nächte reingesteckt.

> **»Ich habe erlebt, dass Teams eine Art Trauerphase brauchen, wenn ihr Produkt zu Grabe getragen wurde.«**

Es wird also in der Regel nicht so sein, dass man sagt: »Liebe Leute, das hat leider nicht geklappt. Wir machen hier Schluss. Wir machen was anderes.« Ähnlich wird es mit Gesellschaftern und Investor:innen sein. Auch sie haben lange an eine Vision geglaubt, denn davon hat man als Gründer:in erzählt – dass das Produkt erfolgreich wird. Wie wir später noch sehen werden, entspricht es nicht der Natur von Investor:innen, nahtlos über den Status informiert zu sein. Das Board-Meeting ist meistens der Zeitpunkt, an dem die Fakten auf den Tisch kommen. Es ist kein einfacher Schritt von einer Phase, in der man immer noch das Produkt verteidigt hat – vielleicht auch gegen Zweifel aus dem eigenen Gesellschafterkreis – dahin, sich vor das eigene Board zu stellen und einzugestehen, dass das Produkt nicht funktioniert hat. Wenn ein heldenhafter Einsatz aber dazu führt, dass es am Ende noch eine Erfolgsgeschichte wird, dann wird man diese Herausforderung gerne angenommen haben.

Fassen wir nochmal zusammen:

- Erst wenn man ein Produkt zu verkaufen versucht, wird man wissen, ob es funktioniert. Nur ein funktionierendes Produkt rechtfertigt das Weitermachen.

- Man muss schnell reagieren, damit man noch genug Zeit und vor allem Geld hat, das Produkt zu fixen oder auch einen Pivot hinzulegen, d. h. eine andere Richtung einzuschlagen.

- Ein schlechtes Produkt kann man nicht fixen. Dann ist es besser, aufzuhören und von vorne anzufangen.

»Houston, wir haben ein Problem«, ist deswegen so charakteristisch für die Produktkrise, weil man sich eingestehen muss, dass man eigentlich in einer aussichtslosen Situation ist. Eine Rückkehr zur Erde beziehungsweise die Chance, sein Produkt doch noch erfolgreich zu machen, hängt im Wesentlichen von zwei Dingen ab: dem Glauben an sich selbst, es schaffen zu können, und der Kombination aus Timing und Glück. Wenn man sich allerdings nicht eingesteht, dass man ein Problem hat, wird man nie die Energie entfalten, die es braucht, dieses Wunder zu vollbringen.

Wir wünschen uns alle, dass wir nicht in die Situation kommen und unser Produkt beim ersten Wurf erfolgreich wird. Was ist aber, wenn es dann an einer anderen Stelle brennt? Was ist, wenn alle Zeichen auf Wachstum und Erfolg stehen, aber mein Team nicht mehr mitspielt? Die nächste Aufgabe wartet auf Herkules.

# Gründer-Storys

»Erfahrungsgemäß kommen Krisen in unterschiedlichen Ausbaustufen (z. B. ein:e Mitarbeiter:in, die überraschend kündigt, ein Kunde der unzufrieden ist), wobei eine geplatzte Finanzierungsrunde vermutlich oft die schwerwiegendste Krise beschreibt. Hier geht es oft um die Existenz des Start-ups und damit um das Werk mehrerer Jahre sowie die Verantwortung gegenüber Mitarbeiter:innen, Investor:innen etc. Wir hatten in unserem vorigen Start-up oft mit dem Thema Finanzierung zu kämpfen. Unsere Business-Strategie hat einfach nicht zum Venture-Capital-Markt und der VC-Finanzierung gepasst, was uns aber nicht klar war. Also haben wir uns viel zu lange mit VCs herumgeschlagen, ohne zu verstehen, dass es kein valides Modell für Venture-Capital-Finanzierungen war.«

SVEN LACKINGER, SASTRIFY

»Mein Unternehmen hat im Laufe der Jahre zwei ›Pivots‹ gemacht, also Neuausrichtungen, in denen die bisherige Strategie über Bord geworfen und das Unternehmen auf ein neues Ziel eingeschworen wurde. Ein Pivot ist schmerzhaft, weil er das Eingeständnis ist, nicht auf dem richtigen Weg gewesen zu sein – so fühlt es sich jedenfalls als Gründer:in an. In Wahrheit ist die Bereitschaft zu einem Pivot ganz wichtige Voraussetzung, um als Start-up erfolgreich zu sein, denn dass sich unterwegs

Annahmen als unwahr herausstellen und der Erfolg an anderer Stelle liegt, als ursprünglich gedacht, ist eher die Regel als die Ausnahme. So war es auch bei uns: Als sich ein Geschäftsmodell als nicht tragbar herausgestellt hat, kam nach der eher schmerzhaften Erkenntnis gleich wieder Aufbruchstimmung, gepaart mit dem Vorteil, durch den Lernprozess als Gründer und als Organisation besser geworden zu sein. Insofern gilt: Frühe Krisen sind für Start-ups extrem wichtig, um wie unter dem Brennglas Schwächen zu erkennen und um sehr fokussiert notwendige Kurskorrekturen vorzunehmen.«

Tom Kirschbaum, door2door

## KAPITEL 3

# Ohne Team geht gar nichts

*»Zusammenkommen ist ein Beginn, Zusammenbleiben ein Fortschritt, Zusammenarbeiten ein Erfolg.«*
HENRY FORD

Wir saßen schon eine ganze Weile im Meetingraum. Klar konnte man sich mal verspäten, aber es gab keine Erklärung, warum das so lange dauern sollte. Mein Team machte, was man macht, wenn man wartet. Die Laptops waren aufgeklappt, E-Mails wurden beantwortet, es wurde an einer Präsentation weitergearbeitet und so weiter. Wahrscheinlich trommelte auch jemand rhythmisch mit den Fingern auf den Tisch. Ungeduld in Hollywood-Manier. Dann wurde es mir zu viel. Ich hakte nach und schickte eine SMS: »Wo bleibt Ihr denn, wir haben ein Meeting und wir warten auf Euch.« Die Antwort war schnell da. Kurz und knapp: »*Wir* werden in Zukunft zu *Euren* Meetings nicht mehr kommen!« Ich war fassungslos, denn damit hatte ich nicht gerechnet. Stotternd und mit leiser Stimme teilte ich es den anderen mit: »Es sieht so aus, als würden wir heute nicht mehr komplett werden.« Jetzt blickten sich alle irritiert an. Kopfschütteln war die Antwort der meisten im Raum. Einige blickten stumm vor sich auf den Tisch, bis jemand sagte: »Jetzt ist es wirklich so weit gekommen, das hätte ich nicht gedacht.«

Was uns alle so betroffen machte, war, dass wir nicht auf eine andere Firma gewartet hatten, sondern auf Kolleg:innen, auf Teammitglieder der eigenen Firma. Bis vor Kurzem waren wir ein Team, bei dem es – von den üblichen Kleinigkeiten abgesehen – nie ein Problem untereinander gab. Jetzt fühlte es sich an wie an der deutsch-deutschen Grenze im Kalten Krieg zu stehen: die gleiche Sprache, die gleiche Kultur, die gleiche Stadt – und mitten durch plötzlich eine Mauer.

Natürlich gab es eine Vorgeschichte. Die zwei Geschäftsführer waren sich nicht einig über die strategische Produktausrichtung. In der Folge hatte einer der beiden sich mit einem Teil des Teams im Büro räumlich abgegrenzt und hatte begonnen, an seiner Produktvision zu entwickeln. Man muss sich das wirklich so vorstellen, als würden plötzlich zwei Startups dort arbeiten, wo es vorher eines gab. Grundsätzlich waren die Themen aber nicht weit auseinander und es gab auch für beide Produktvisionen Argumente – zumal sie sich später sogar komplementär ergänzt haben und Grundlage für den erfolgreichen Exit zwei Jahre später waren.

Neben der rein räumlichen Trennung – das heißt konkret: Es wurden ein paar Schreibtische umgestellt – geschah aber mit der Zeit noch etwas anderes. Die Trennung des Teams hatte zur Folge, dass es Teammitglieder gab, die begannen, sich mit ihrem eigenen Projekt und Team stärker zu identifizieren als mit dem großen Ganzen. Es setzte eine Phase ein, in der eine »Wir und Ihr-Kultur« sich breit machte. Das WIR beschrieb nicht mehr die ganze Firma, sondern wurde in Abgrenzung zum anderen Teil des Teams – dem IHR – verwendet. Der psychologische Effekt auf das Team war groß und führte zu sehr schwierigen Situationen. »Wir haben unseren Job gemacht, aber Ihr habt immer noch nicht geliefert.« ist keine Formulierung, die Teamspirit und gemeinsame Werte ausdrückt. In diesem Fall hat es unser Start-up überlebt, aber es war für mich eine prägende Erfahrung.

> **»Wenn ich heute auch nur den Ansatz einer Gefahr sehe, dass sich Teams beginnen aufzuspalten, greife ich sofort ein.«**

Jedes Unternehmen kann nur so gut sein wie das Team, das es aufbaut. Wenn es hier zu seismischen Störungen kommt – wenn also nicht mehr alle »auf einer Wellenlänge sind«, sondern verschiedene Wege gehen – kann das existenzielle Folgen haben und man muss sehr schnell und entschlossen reagieren. Im Folgenden werden wir sehen, dass insbesondere die Teamkrise strukturell (oder ihrer Natur nach) für Unternehmen besonders gefährlich sein kann, weil sie so schnell außer Kontrolle gerät (d. h. es bleibt kaum Zeit zu reagieren).

Wenn man ein Unternehmen aufbaut, wird man das in der Regel nur sehr kurze Zeit wirklich allein tun. Vielleicht in den ersten Wochen, in denen man sich mit der Idee auseinandersetzt, ein erstes grobes Modell des Business-Plans baut oder sich mit dem einen oder der anderen austauscht. Man braucht dann aber meist schnell Unterstützung – zum Beispiel die von Mitgründer:innen oder Programmierer:innen. Dabei ist es unerheblich, ob es sich um Mitarbeiter:innen handelt, die fest angestellt oder selbstständig sind. Ein Team besteht aus denjenigen, mit denen man sich regelmäßig trifft, auseinandersetzt und gemeinsam an einer Vision arbeitet.

> **»Ein Team ist ein soziales Konstrukt und so gelten für das Team genau die gleichen Regeln und Umstände wie für jede andere soziale Gruppe.«**

Das heißt, es kann zu atmosphärischen und funktionalen Störungen kommen. Und diese können über kurz oder lang das ganze Unternehmen lahmlegen.

Es ist wichtig, dass man sich diesen Umstand sehr früh bewusst macht, denn in den ersten Monaten und Jahren des Aufbaus wird man zunächst wenig von Teamdifferenzen mitbekommen. Man ist einfach mit so vielen Dingen beschäftigt, dass man Störungen nicht gleich wahrnimmt. Das ist auch eine Frage der individuellen Veranlagung und des Führungsstils. Die einen sind sensibler und erkennen, dass etwas »in der Luft liegt«, während andere es einfach nicht merken oder sogar der Meinung sind, dass man durch das Thematisieren solcher Angelegenheiten Problemen unnötigen Raum bietet.

> **»Aus diesem Grund ist es sinnvoll, Frühwarnsysteme zu installieren, die Alarm schlagen, bevor sich Unstimmigkeiten in Teams zu handfesten Krisen ausweiten können.«**

Das klingt jetzt für ein zwischenmenschliches Thema sehr technisch, kann aber, wie wir im Weiteren sehen werden, relativ einfach etabliert werden.

Kein Start-up wird von Beginn an einen Betriebsrat haben oder haben wollen. Im Gegenteil, es gehört auch bei sehr großen Start-ups fast schon zum guten Ton, diese Institution abzulehnen. Dabei hat der Betriebsrat eine Funktion, die für funktionale Teams unerlässlich ist. Es ist eine Instanz, die sowohl von der Geschäftsführung als auch den Mitarbeiter:innen akzeptiert wird. Diese Rolle kann man aber auch einer einzelnen Person zukommen lassen.

Dabei geht es nicht darum, große administrative Aufwände zu betreiben (z. B.: eine Wahl auszurichten) sondern darum, den Prozess bewusst zu initiieren.

Manchmal gibt es diese Person bereits. Ein Mitglied des Teams, das das Vertrauen vieler genießt. Oftmals ist es eindeutig, wer das sein könnte. Dann geht es eigentlich nur darum, den Vorschlag ins Team zu geben, die Rolle einer Vertrauensperson zu etablieren und vorzuschlagen, diese mit der besagten Person zu besetzen. Das muss vorbereitet werden, denn man sollte zumindest den- oder diejenige mal vorher darauf ansprechen. Wenn man jemanden nicht zu der Rolle überreden möchte, wird man das Team bitten, jemanden vorzuschlagen – sollte der offensichtliche Kandidat oder die Kandidatin nicht wollen.

Man wird schnell merken, dass – wenn der Austausch auf allen Seiten funktioniert – das Verständnis für Belange des Teams wächst. Wenn das erreicht ist, kann man besser frühzeitig auf Störungen reagieren.

*Warum kommt es aber zu einer Teamkrise?*

*Was sind die Möglichkeiten, diese im Vorfeld zu erkennen und zu verhindern?*

*Und wie geht man damit um, wenn die Teamkrise schon da ist?*

Die Auswirkungen und Symptome einer Teamkrise können sehr vielfältig sein und genau das macht sie so existenziell für ein Unternehmen. Sie entwickelt sich sehr dynamisch und kann viele Dinge mit sich reißen.

> **»Wenn ein Team beginnt, auseinanderzufallen und viele Auseinandersetzungen innerhalb des Teams stattfinden, dann wird das Ganze schnell toxisch und gerät außer Kontrolle.«**

Jeder weiß aus eigenen Erfahrungen, dass es innerhalb von Teams zu Konflikten kommen kann. Es muss nicht immer das ganze Team betreffen, auch einzelne Teile eines Teams können Probleme haben. Nicht selten ist es kein ganzes Team, sondern einzelne Kolleg:innen, mit denen man aneinander gerät.

Es muss in einer Teamkrise nicht unbedingt um religiöse, oder weltanschauliche Überzeugungen gehen. Meistens sind es Kleinigkeiten, die sich manifestieren und aus denen heraus Teamkrisen und damit eine existenzielle Krise für ein Start-up entstehen kann.

Ich will *fünf Umstände* vorstellen, die aus meiner Sicht zu einer Teamkrise führen können und erklären, warum es diese gibt. Es mag sicher andere Sichtweisen darauf geben, aber die Erfahrung zeigt, dass es doch immer wieder die gleichen Muster sind.

Das Erste ist vielleicht auch das Bekannteste, denn es wird immer wieder zitiert und taucht in zahlreichen Büchern zur Teamkommunikation auf.

*Die Theorie vom faulen Apfel – The Rotten Apple Theory* verwendet ein sehr anschauliches Bild: Wenn man in einer Schale mit Äpfeln einen faulen hat, wird dieser über kurz oder lang alle anderen Früchte im Korb infizieren und sie werden ebenso verfaulen. Für ein Start-up bedeutet das, dass ein einzelner Mitarbeiter oder eine Mitarbeiterin aus irgendeiner Motivation beginnt, innerhalb des Teams atmosphärische Störungen zu provozieren und so nach einiger Zeit das gesamte Team ansteckt. Das kann Jahre dauern, es kann aber auch sehr viel schneller gehen. In einem Start-up kann das sehr dramatische Folgen haben: Denn bis ich verstanden habe, dass es diesen faulen Apfel überhaupt gibt, ist es vielleicht schon zu spät, noch zu reagieren. Je jünger ein Unternehmen ist, umso anfälliger wird es in dieser Situation sein. Deshalb ist es auch sehr wichtig, sofort entschlossen zu handeln.

In diesem Fall gibt es keine Chance auf Besserung ohne eine konkrete Handlung: Der faule Apfel muss entfernt werden und das am besten sofort. Dabei musst man sich bewusst machen, dass es sich auch um sehr wichtige Mitarbeiter:innen handeln kann. Losgelöst von Rolle oder Funktion wird man das Team nur erfolgreich stabilisieren können, wenn man konsequent handelt. Eine Person, die solch eine negative Wirkung auf ein Team hat, muss gehen. Die Gründe, warum Mitarbeitende zum faulen Apfel werden, sind vielfältig. Oft geht es um mangelnde Anerkennung oder darum, dass sich der oder die Mitarbeiter:in unterschätzt fühlt. Ebenso gibt es Menschen, die Situationen provozieren, in denen andere von ihnen abhängig sind. Informationen werden zurückgehalten, manipuliert und dann in einem veränderten Kontext weitergegeben. Jedenfalls spielt beim faulen Apfel das unglückliche Ego, das sich über das Team stellt, eine tragende Rolle. Denn ein Team hat das große Ganze als gemeinsames Ziel. Ein fauler Apfel folgt nur seinem eigenen Ziel, nämlich seine persönliche Unzufriedenheit an andere weiterzugeben.

Oder es besteht ein Konflikt zwischen zwei Kolleg:innen eines Teams, ohne dass das bisher öffentlich wahrgenommen wurde. Wenn nun einer dieser beiden beginnt, den Konflikt auf andere Kolleg:innen zu übertragen, wird er zum faulen Apfel. Möglichkeiten dazu bietet jedes Unternehmen – die Kaffeeküche, Messenger Chats, beim Rauchen vor der Tür und so weiter. Es passiert in der Regel sehr subtil. Und als Gründer:in oder Führungskraft wird man es lange Zeit nicht mitbekommen. Die Muster, die zu zwischenmenschlichen Konflikten führen, sind aber immer die gleichen: Mobbing, Ausgrenzen, Gerüchte streuen, Informationen blockieren und Ähnliches.

In der Realität wird das nicht einfach, weil es auch wichtige Mitarbeiter:innen betreffen kann: Software-Entwicklung, Business Development, immer gibt es Mitarbeiter:innen, die besonders wichtig für ein Projekt sind oder den engen Kontakt zum Kunden haben. Da in einer frühen Phase eines Start-ups eigentlich alle Mitarbeiter:innen diese Wichtigkeit haben, wird es fast unausweichlich, dass man damit konfrontiert wird. Deswegen geht es auch hier wieder darum, konsequent im Sinne des Unternehmens zu handeln. Es gehört zum Leadership dazu, solche Entscheidungen schnell und zielgenau zu treffen. Die Herausforderung zu verstehen, dass man einen faulen Apfel im Team hat und diesen auch zu identifizieren, ist fast noch größer als die richtige Reaktion. Selbst wenn man versteht, dass es ein Problem gibt, mag man zunächst auf eine andere Ursache tippen und entsprechend versuchen, dafür Gegenmaßnahmen einzuleiten. Man kennt das von Patienten, die jahrelang erfolglos gegen ihre Rückenschmerzen therapiert wurden und sich dann herausstellt, dass die Ursache eine entzündete Zahnwurzel ist.

Während einer sehr anstrengenden Phase, in der die Firma unter Druck stand, erhielt ich eine Nachricht von einer außenstehenden Person, die mich warnte, dass wir ein Problem im Team hätten. Auf meine Nachfrage hin erfuhr ich, dass ein Schlüssel-Mitarbeiter sich gerade nach einem neuen Job umschauen würde, weil er unzufrieden sei. Er habe große Zweifel an dem Gelingen des Projektes und habe seine Meinung auch innerhalb des Teams geteilt, was nun zur Verunsicherung bei weiten Teilen des Teams geführt hätte. Wie die Person, die mich informierte, an ihr Wissen gekommen ist, wollte sie nicht sagen. Wir kannten uns aber recht gut und ich hielt die Information für glaubhaft. Das fehlende Detail war aber der Name des betroffenen Mitarbeiters, denn diesen wollte meine Quelle nicht preisgeben. Daraufhin habe ich das Management-Team zusammengerufen und von dem Umstand berichtet. Spontan konnte sich niemand vorstellen, wer aus Unzufriedenheit die Firma verlassen wolle und dabei innerhalb des Teams zur Verunsicherung beitrug. Natürlich gab es Vermutungen, aber keinen konkreten Namen. Vorsichtiges Nachfragen in den Teams nach der Stimmung bestätigte nicht, dass hier etwas brannte. Durch den besagten Druck und dadurch, dass sich keine Bestätigung finden ließ, verlor nach einigen Tagen das Thema an Aktualität. Wenige Wochen später eskalierte die Situation im Team und die beiden wichtigsten Programmierer kündigten am gleichen Tag – unabhängig voneinander.

Es zeigt sich, dass manchmal schon recht viel Zeit verstrichen ist, bis man sich wirklich im Klaren darüber ist, wo das Problem liegt, und jegliche Zweifel darüber beseitigt hat. Dann kann es vorkommen, dass der faule Apfel bereits andere Teammitglieder infiziert hat. In einer solchen Situation muss man sogar überlegen, ob es ausreichend ist, sich von nur *einem* Mitarbeiter zu trennen. Das ist eine schwere Entscheidung und hat viel mit Erfahrung zu tun. Ich kann nur empfehlen, sich frühzeitig mit Berater:innen und Mentor:innen zu umgeben, die in einer solchen Situation helfen und mit Rat zur Seite stehen können.

Eine Frage stellt sich aber nicht – einen faulen Apfel werde ich nicht wieder heilen. Es sei angemerkt, dass eine Kündigung arbeitsrechtlich nicht immer trivial sein wird, dennoch hilft hier kein Weg des geringsten Widerstandes. Der würde einem Team mittelfristig weiteren Schaden zufügen.

*Das Gerücht* – der nächste Aspekt, der zu einer Teamkrise führen kann. Darüber sind viele Bücher geschrieben und Filme gedreht worden. Es steht personifiziert für das Böse. Die Yellow Press wird davon beflügelt und es kommt ständig in unserem Alltag vor. In Zeiten von Social Media begegnet uns dieses Phänomen immer häufiger. Schnell mal was auf Twitter aufgeschnappt oder einen Post auf Instagram weitergeleitet, ohne ihn zu verifizieren. Gerüchte gibt es überall und sie sind per se auch nichts Schlechtes. Sie sind die Darstellung eines Sachverhaltes, die nicht verifiziert ist.

> **»Ein Gerücht ist keine Lüge, sondern eher etwas, dessen Wahrheitsgehalt in Teilen anzuzweifeln ist.«**

Was passiert nun, wenn Gerüchte in einem Team entstehen? Erst mal gar nichts, denn wie eben beschrieben wird das ohnehin regelmäßig passieren: eine sich anbahnenden Beziehung zwischen zwei Kolleg:innen, die unmögliche Location der kommenden Weihnachtsfeier, oder das sich verzögernde Bonusprogramm.

Alles kein Problem, denn in der Regel betrifft es nicht direkt die Firma und das gesamte Team. Und oft klären sich die Dinge ja auch schnell auf.

> **»Gefährlich wird ein Gerücht dann, wenn es einen Brand legt, den man schwierig wieder unter Kontrolle bekommt.«**

Dabei macht man sich nicht klar, wie schnell Gerüchte entstehen und aus welchen Situationen Gerüchte entstehen können. Eine ungenaue Formulierung im Teammeeting, stichpunkthafte, aus dem Kontext gelöste Notizen an einem Whiteboard im Meetingraum, oder Besucher im Büro, die man vorher dort noch nicht gesehen hat.

Ich hatte mal ein Meeting mit verschiedenen Unternehmensvertretern aus Schanghai. Das Treffen war von einer Agentur organisiert, die den Technologieaustausch zwischen deutschen Start-ups und der chinesischen Wirtschaft unterstützt. Im Rahmen einer mehrtägigen Deutschlandtour kam die Gruppe auch für eine Stunde bei uns vorbei. Ich habe das Standardprogramm abgespult – Begrüßung, Kurzpräsentation, Demo, Fragen. Danach bekam ich noch ein nettes kleines Andenken und die Gruppe zog weiter zum nächsten Termin. Solche Besuche sind an der Tagesordnung und sie finden mit verschiedenen Interessengruppen statt.

Am Nachmittag des gleichen Tages sprach mich eine Mitarbeiterin an und fragte, wer denn die Besucher heute Morgen gewesen seien. Sie habe gehört, dass es sich um asiatische Investor:innen handele, die Interesse hätten, unsere Firma zu kaufen. Es sei nun große Besorgnis im Team, was bei einem Verkauf nach Asien aus den Mitarbeitern werde. Zu diesem

Zeitpunkt wurden wir zwar tatsächlich immer wieder von interessierten Investor:innen angesprochen, da diese Gespräche aber nie konkret wurden, hatte ich keinen Anlass gehabt, mit dem Team darüber zu sprechen. In diesem Fall hatte ich Glück, denn durch den offenen Umgang bei uns hatte die Kollegin keine Hemmungen, mich einfach zu fragen.

Ich konnte das Ganze aufklären und das Gerücht, das sich in nicht einmal drei Stunden in der Firma entwickelt hatte, hatte ein sehr kurzes Leben. Was wäre aber gewesen, wenn das Gerücht Zeit gehabt hätte, sich auszubreiten? Wie immer bei Gerüchten verändert sich der Inhalt mit der Zeit. Vielleicht kennen einige noch das Kinderspiel *Flüsterpost*. Dabei sitzen die Kinder im Kreis und das erste denkt sich ein Wort aus – zum Beispiel »Apfelsaft«. Das flüstert es dem Nachbarkind ins Ohr und dieses wieder dem nächsten und immer so weiter. Das letzte Kind sagt dann das Wort laut und häufig entsteht beim Weitersagen etwas wie »Abgesagt«. Am Ende kommt nie das ursprüngliche Wort an.

Und so läuft es auch bei einem Gerücht. Jeder hat etwas gehört oder weiß von etwas und gibt diesen Bruchteil an Informationen – gepaart mit seiner eigenen Interpretation – an andere weiter. In diesem Fall war auch unmittelbar das Team betroffen. Man machte sich Gedanken, wie es mit der Firma bei einem Verkauf weiterginge, was dann aus dem eigenen Arbeitsplatz würde und so weiter. Daraus hätte eine Stimmung entstehen können, die den einen oder die andere bewogen hätte, sich nach einer neuen Stelle umzusehen. Gerade Programmierende sind ständig den Werbungen von Headhuntern ausgesetzt. Ein Gerücht kann dazu führen, dass Mitarbeiter:innen, die ansonsten keinen Anlass gehabt hätten, sich »mal umzuhören«, nun doch offen für ein Gespräch sind. Und wenn das bei mehreren Mitarbeiter:innen gleichzeitig der Fall ist, kann sich wieder die toxische »Rotten-Apple-Dynamik« einstellen, von der ich zuvor berichtet habe.

Was kann man nun gegen Gerüchte tun? Nichts, wäre die richtige Antwort, denn es gibt sie einfach. Es geht darum, sensibel für solche Entwicklungen zu sein und auch hier Frühwarnsysteme zu etablieren.

> **»Auch eine gute Unternehmenskultur kann dazu beitragen, dass Gerüchte erst gar nicht so weit kommen, dass sie gefährlich werden können.«**

Wenn Mitarbeiter das Gefühl haben, sie können fragen, wenn sie sich Sorgen machen, hat man generell viel für das Unternehmen erreicht.

Neben dem Betriebsrat kann man also auch Routinen etablieren, die es Mitarbeiter:innen erlauben, ihre Bedenken regelmäßig offen mitzuteilen. Genauso kann man eine gute Kommunikationskultur im Unternehmen stärken, wenn sich eine Mitarbeiter:in anvertraut, indem man ihm oder ihr verständnisvoll zuhört und sich für das Vertrauen bedankt.

Das systematische Bilden von Parteien ist der dritte Grund für Teamkrisen. WIR und IHR ist etwas, was aus meiner Erfahrung Teams in einer Tiefe spalten kann wie wenig anderes. Diese Dynamik wird in der Regel durch Führungskräfte ausgelöst. Das können zwei Gründer:innen sein, die unterschiedlicher Meinung sind. Das kann ein Produkt-Teamleiter sein, der in eine Auseinandersetzung mit dem Entwicklungsleiter gerät, und so weiter. Es beginnt immer gleich: *Wir* haben das und das gemacht und darauf habt *ihr* dann das gemacht. Es wird eine Terminologie verwendet, die jedem verdeutlicht, dass es sich hier um zwei unterschiedliche Sichtweisen handelt – und jeweils ein Teil des Teams eine Sichtweise hat. Was häufig gar nicht der Fall ist, weil die meisten Mitglieder eines Teams zunächst mal neutral dem Konflikt gegenüber sind. Gerade in Phasen besonders hohen Drucks gibt es immer Spannungen zwischen verschiedenen Teams: Das Entwicklungsteam kann mit einer Aufgabe nicht weitermachen, weil das Produktteam eine Funktion nicht umfassend spezifiziert hat. Das iterative Beheben von Fehlern (Bugfixing) in der Software kommt nicht mit der nötigen Geschwindigkeit voran, weil unzureichend getestet wird. Der Vertrieb verliert einen großen Lead, weil die Produktentwicklung eine vom Kunden geforderte Spezifikation ablehnt und diese nicht entsprechend umgesetzt wird.

> **»Es gibt eine natürliche und als richtig empfundene Zugehörigkeit zu einem Team.«**

Ein Marketingteam soll sich als solches empfinden, ebenso ein Entwicklungsteam. Das schafft Identifikation und wird im organisatorischen Kontext auch zu einem klaren Rollenverständnis führen. Ganz abgesehen davon, dass ein gesunder Wettbewerb innerhalb einer Organisation positiv auf Produktivität und Output wirken kann. Gefährlich wird es dann, wenn es eben nicht um die eigene Identifikation geht, sondern um das Absondern von anderen Teilen des Teams. Da dieser Prozess fast immer von Führungsverantwortlichen provoziert wird, kann man auch sagen, dass es dann beginnt, toxisch zu werden, wenn es nicht mehr um die gemeinsame Sache, sondern das Interesse Einzelner geht, die dem Team übergestülpt werden. *Wir* haben alles richtig gemacht, aber *Ihr* habt dann einfach falsch weitergemacht. Es geht oft darum, Verantwortung zu relativieren beziehungsweise die eigene Sicht auf die Dinge zu rechtfertigen.

> **»Eine Unternehmenskultur sollte deswegen kategorisch die Terminologie *Ihr* und *Wir* in einem trennenden Sinne ausschließen.«**

Das ist nicht einfach zu erreichen, denn fast immer werden die Begriffe vollkommen neutral verwendet. Es muss aber dennoch ein Bewusstsein dafür kultiviert werden, in welchem Kontext die Begriffe nicht mehr akzeptabel sind. Im schlimmsten Fall entwickelt sich eine Teamkrise, die in dieser Spaltung entstanden ist, zu einer Krise der Gemeinschaftskultur im Unternehmen.

Ich habe Situationen erlebt, in denen einem Team vom Teamleiter untersagt wurde, sich mit Kollegen eines anderen Teams inhaltlich auszutauschen, oder an Meetings teilzunehmen, zu denen das andere Team eingeladen hatte. Es ist einleuchtend, dass eine solche Entwicklung existenzielle Risiken für ein Unternehmen haben kann. Eine solche Krise wird man in der Regel nur mit Hilfe von außen unter Kontrolle bekommen.

> **Überforderung ist der vierte Grund für das Entstehen einer Teamkrise.**

Jedes Frühphasen-Start-up steht unter einem enormen Druck. Immer geht es gegen die Zeit, Ressourcen sind knapp, es gibt Konkurrenz im erkannten Marktsegment und so weiter. Start-ups sind keine etablierten Unternehmen, die sich auf Erfahrungen und bewährte, stabile Abläufe stützen können. Das führt dazu, dass auf das Team oft sehr früh bereits sehr hoher Druck lastet. Dieser Druck führt zu Überforderung. Oft findet sich der meiste Druck im Produktteam, weil dort die größte Komplexität innerhalb eines Frühphasen-Start-ups entsteht. Dabei ist es egal, ob es um ein B2C- oder ein B2B-Produkt geht.

> **»Wenn ein Team überfordert ist, dann wird es angreifbar und das verstärkt abermals den Druck – ein Teufelskreis, den es zu durchbrechen gilt.«**

Natürliche, menschliche Schwächen treten zu Tage: Mit wachsender Anspannung nimmt die Gereiztheit der Teammitglieder zu. Es entstehen Konflikte zwischen einzelnen Mitarbeitern, der Druck sucht sich Ventile. Obwohl das Problem eine andere Ursache hat, die nicht unbedingt innerhalb des Teams zu suchen ist, wird der konstante Druck dazu führen, dass sich Spannungen im Team aufbauen. Hier wird klar, dass die Abhängigkeit unterschiedlicher Problemkomplexe auch zu einer multiplen Krisensituation führen kann. Eine Produktkrise wird zur Teamkrise und die wird zur existenziellen Krise für das Start-up. Überforderung kann man in der Anlaufphase eines Unternehmens und auch später nicht immer vermeiden. Um zu verhindern, dass sie auf das Team übergreift und zur Krise wird, muss das Management auch hier bereits früh beginnen, solche Situationen vorauszuahnen.

> **»In der Start-up-Welt gilt Druck zum Teil auch als Führungsstil. Doch die Folgen sind fatal.«**

Jedem Mitarbeiter muss klar sein, dass man in einem Frühphasen-Start-up einen anderen Arbeitsstil pflegt als in einem etablierten Unternehmen. Als Management musst man aber auch gegensteuern, wenn das Team am Druck zu zerbrechen droht. Das kann auf verschiedenen Weisen geschehen:

- Prozesse etablieren, die im Vorfeld drohende Überforderung identifizieren.

- Regelmäßige Überprüfung von Machbarkeiten und der realistischen Einschätzung von Zeitplänen durchführen.

- Klare Kommunikation mit den verantwortlichen Teamleiter:innen, Feedback-Gespräche und Ähnliches etablieren.

*In der Geschäftsführung* selbst liegt aus meiner Sicht die letzte Ursache für Teamkrisen.

Man kann lange darüber sprechen, welche Unternehmenskultur man aufbauen möchte. Es gibt verschiedene Arten des Führens, integrativ oder autoritär, aber all das spielt keine Rolle, wenn es das Gründer:innen-Team nicht schafft, dem Team eine Richtung vorzugeben, die von einer Vision angetrieben wird.

> **»Es geht ganz einfach um das Vorhandensein von Leadership.«**

Das betrifft nicht nur die Gründer:innen, sondern ganz generell jede:n, der oder die Verantwortung für Kolleg:innen übernimmt. Allerdings wird es in der frühen Phase eines Start-ups sehr stark von dem Verhalten der Gründer:innen abhängen, ob ein Team funktioniert oder eben nicht. Denn auch das beste

Team wird schlechtes Führungsverhalten nicht kompensieren können. Auch hier wird die fast zwangsläufige Folge eine Unternehmenskrise sein.

> **»Ein Start-up wird nicht erfolgreich sein, wenn es den Gründer:innen in der frühen Phase nicht gelingt, ohne Produkt und anfänglich auch ohne Geld das Team zu motivieren.«**

Ich würde es sogar als eine der wichtigsten Aufgaben der Gründer:innen in den ersten Monaten sehen, diese Perspektive aufzuzeigen. Im Übrigen kommt es auch in der fortgeschrittenen Entwicklung eines Unternehmens immer wieder existenziell darauf an, dass das Management in der Lage ist, eine Vision und damit verknüpft eine Richtung zu geben. Ebenso wie schlechtes Management in eine Krise führen kann, ist es beim Krisenmanagement auch zum großen Teil das Leadership, das den Unterschied machen wird. Losgelöst davon wird es immer auch Mitarbeiter:innen geben, deren Motivation kaum durch eine Vision beeinflussbar sind. Es gibt Menschen, die ausschließlich dafür arbeiten, Geld zu verdienen, und denen es entsprechend nicht wichtig ist, für was oder wen sie arbeiten. Andersrum gibt es sehr viele engagierte Mitarbeiter:innen, denen eine Vision nicht ausreicht. Sie suchen nach einer Bestimmung inhaltlicher Art und möchten, dass ihre Arbeit sinnstiftend ist. Hier sind dann neben dem reinen Leadership auch vor allem eine Unternehmenskultur und gemeinsame Werte wichtig, die man vorlebt und weitergibt.

Die Qualität eines Managements wird aber nicht nur daran gemessen werden, ob es in der Lage ist, ein Team zu motivieren.

Teams sind auch sehr sensibel dafür, ob die Gründer:innen in schwierigen Situationen die ihnen zugewiesen Rollen zu spielen verstehen:

Schlechte Nachrichten direkt und persönlich dem Team mitzuteilen, Änderungen in der Strategie, die mit dem Abbau von Teilen des Teams einhergehen, fair und transparent durchzuführen, oder eine abgesagte Finanzierungsrunde und die damit verbundenen Folgen zu kommunizieren. Immer geht es darum, dass das Verhalten einer Geschäftsführung direkten Einfluss auf ein Team haben wird. Das heißt, eine Teamkrise würde in diesem Fall die Folge einer Leadership-Krise sein.

Wie mehrfach betont, ist die Teamkrise besonders gefährlich, weil sie so schnell einen Dominoeffekt kreieren kann und dann unkontrollierbar wird. Andersrum kann ein funktionierendes, stabiles Team ein Start-up aber auch durch Krisen tragen.

> **»Loyale Mitarbeiter, die Motivation unter Kolleg:innen, es zu schaffen, sind unerlässliche Kräfte bei der Krisenbewältigung.«**

Deswegen muss man von Anfang an sensibel für den Zustand des Teams sein. Fast genauso wichtig ist es aber auch, Teams dafür zu sensibilisieren, für den eigenen Zustand wach zu bleiben. Das schafft man besten mit Offenheit und Transparenz, aber auch mit einer Unternehmenskultur, in der Teams sich selbst organisieren können. Überwachung und Kontrolle werden dazu führen, dass Teams ihre Eigeninitiative gar nicht erst entfalten. Teams, die untereinander harmonieren, haben Selbstreinigungskräfte, die im besten Fall den faulen Apfel selbst aus dem Korb zwingen oder sich pro-aktiv gegen Gerüchte stemmen. Eine solche Teamkultur ist aber nicht selbstverständlich und wird sich nicht dadurch entwickeln, dass ich dem Team ständig erzähle, dass es ein gutes Team ist. Teams müssen Eigenverantwortung übernehmen, ein Budget für gemeinsame Aktivitäten haben, und entscheiden, ob eine Coaching-Session gebraucht wird oder lieber ein Abend auf der Bowlingbahn verbracht werden soll. Der Teamgedanke wird auch dadurch geleitet, dass man sich offen austauschen kann und jede:r die Möglichkeit hat – soweit das organisatorisch möglich ist – direkt mit den Gründer:innen zu kommunizieren. Offene Türen und Ohren nenne ich das gerne.

> »Teamkultur ist nicht davon abhängig, ob ein Start-up große Budgets dafür aufwendet, Mitarbeiter mit aufwendiger Ausrüstung zu überschütten, und spektakuläre Events veranstaltet.«

Es gibt Firmen, die sich das leisten können, aber ein starkes Team baut man auch fast ohne Budget mit Leidenschaft.

Wir haben uns jetzt angeschaut, was letztendlich zu einer Teamkrise führen kann. Wir haben uns auch angeschaut, warum es so wesentlich ist, Teamkrisen unter allen Umständen zu verhindern und wir haben auch gesehen, dass ein erfolgreiches Team wirklich keine Selbstverständlichkeit ist und man kontinuierlich dafür arbeiten muss, den Erfolg eines Teams zu sichern. Dennoch wird die Wichtigkeit eines funktionierenden Teams oftmals unterschätzt. Das hat auch damit zu tun, dass hier in weiten Teilen Softskills gefragt sind, also Empathie und Aufmerksamkeit und dafür in den turbulenten Anfangsjahren eines Start-ups nicht immer der notwendige Platz eingeräumt

wird. Ein weiterer Aspekt, der aus meiner Erfahrung ganz wesentlich ist, um ein starkes Start-up-Team zu formen, ist, dass
Teams unternehmerisch denken müssen. Junge Start-ups sind in
ihrer Natur sehr fragil. Die Stabilität einer großen Firma können
sie nicht haben und das muss auch ein Team verstehen. Man
kann nicht erwarten, dass Mitarbeiter:innen im gleichen Maße
wie die Gründer:innen mit einem Start-up verbunden sind. An
einer gemeinsamen Vision zu arbeiten und sich bewusst zu sein,
dass der gemeinsame Erfolg das Ziel sein muss, ist auch eine
wichtige Voraussetzung für ein junges Start-up-Team.

Fassen wir nochmal zusammen:

- Die Teamkrise ist besonders, weil sie so unbemerkt kommen kann, aber sich unglaublich schnell
  ausbreitet.

- »Rotten Apples« müssen schnell entfernt werden, bevor sie ein ganzes Team verderben.

- Man muss unter allen Umständen versuchen zu verhindern, dass sich Teams aufspalten und in WIR und
  IHR denken.

- Es gibt verschiedene Gründe für Teamkrisen. Man
  muss schnell versuchen, die Ursache zu identifizieren
  und dann sofort handeln.

- Teamkrisen verschwinden nicht einfach wieder.

Die meisten Gründer:innen werden mit Produkt- und Team-krisen rechnen. Schließlich ist es zu erwarten, dass nicht im-mer alles rund läuft, bei der Produktentwicklung Dinge schief-gehen, oder es zu zwischenmenschlichen Problemen kommt. Man kennt das aus vergleichbaren Situationen in anderen Zu-sammenhängen. Aber eine Investor:innen-Krise trifft die meis-ten Gründer:innen erstaunlicherweise vollkommen unerwartet. Dabei hat der Konflikt mit einem oder einer Investor:in eine Besonderheit: Es gibt wie bei der atomaren Abschreckung eine gegenseitige Ausgeglichenheit. Was genau das bedeutet und wie man auch hier das Ruder noch im rechten Augenblick herum-reißt, berichte ich in Kapitel 4.

# Gründer-Storys

»Krisen überwindet man am besten durch Mangel an Alternativen. Eine Vielzahl attraktiver Alternativen ist oft der Grund, warum Teams in der Krise auseinanderfliegen. Die Gründer:innen haben gute Jobangebote in der Beratung und sind nicht bereit, für deutlich weniger Geld in einer aktuell nicht finanzierten Firma zu arbeiten. Oft wird in solchen Situationen dann auch schnell verkauft. Die Gründer:innen haben dann idealerweise und gesichtswahrend einen gut bezahlten Job in der gleichen Industrie gefunden. Die Investor:innen bekommen ein paar Shares an einer anderen Company, die vielleicht mal was wert sind.«

MARTIN SINNER, IDEALO

»Eine Krise, die wir durchlebten, war zum Beispiel die ungleiche Arbeitsbelastung im Team. Ich als Zugpferd nahm enorme Arbeitslasten auf mich. Das große Arbeitsvolumen brach nicht ab, sondern wurde im Gegenteil sogar noch mehr! Da andere Teammitglieder sich nicht im gleichen Maß reinhängten, kam es zur Krise. Denn es erfolgte über einen langen Zeitraum weder ein Ausgleich durch Bezahlung noch anderweitige Gegenleistungen (durch das Team oder durch schon erfolgte Umsätze oder durch einen oder eine Investor:in). Diese Krise klärten wir, indem wir einen Arbeitsvertrag aufsetzten und alle Punkte darin regelten. Der erste Schritt war, dass wir zum Problem im Team kommunizierten und es besprachen. Zur Lösungsfindung verglichen wir unsere Situation dann zusätzlich auch mit der anderer Start-ups, die sich in ähnlichen Situationen befanden. Des Weiteren nahmen wir eine Beratung durch unseren gemeinsamen Coach sowie einen vertrauten Steuerberater in Anspruch. Danach hatten wir mehr Klarheit zum Thema und konnten Verträge untereinander aufsetzen.«

KRISTIN SCHROEDER, CEMOTION CC,
SONNPOWER GMBH

»Was damals schon galt, ist heute umso bedeutender: Wenn du als Greenhorn etwas gründest, frage dich zweimal, ob du dir zutraust, die erfolgskritischen Handwerke (in unserem Fall Online-Marketing und Product Management) zu erlernen, während du gegen die ablaufende Zeit rennst. Wir hatten keinen Product- oder Marketing-Support im Gesellschafterkreis und lernten es selbst gerade erst. Als dann erfahrenere Teammitglieder dazukamen, ging es voran. Auf Englisch sagt man: *Get the right people on the bus!*«

STEPHAN BAYER, SOFATUTOR

»Ich erinnere mich an den ersten team-internen Konflikt, den wir hatten im ersten Jahr. Auf einmal waren nicht mehr alle happy und motiviert, so wie man es sich wünscht. Es war schlechte Stimmung, die Motivation sank und ich als frische Gründerin sah mich vor der ersten Herausforderung, mich vor die Mannschaft zu stellen, und alle wachzurütteln – dass wir hier nicht angetreten sind, um einander zu bekämpfen, sondern um etwas zu tun, was vor uns noch niemand geschafft hat.«

DR. SOPHIE CHUNG, QUNOMEDICAL

»Im Digital Publishing brach uns damals quasi von einem Tag auf den anderen ein immens wichtiger Umsatzbringer weg. Alternative Umsatzkanäle hatten wir zwar schon initiiert, aber sie waren noch in den Kinderschuhen und konnten in keinster Weise den Verlust kompensieren. Der Tiefpunkt war, dass sich der Umsatz mehr als halbierte und noch dazu unsere Cashflow-Reserven am Limit waren. Wir mussten innerhalb kürzester Zeit ein Darlehen von unseren Investor:innen organisieren, leider in der Belegschaft Kürzungen vornehmen und schnell mit funktionierenden Ideen als Turbo-Boost für zukünftige Umsatzquellen aufkommen. Wir haben das schnell und gut gemeistert, indem wir sehr offen und direkt mit dem gesamten Team kommuniziert haben, sie in jedes Detail involviert haben, und alle zusammen die Ärmel hochgekrempelt und losgelegt haben. Es war ein unglaublicher Kraftakt, aus dem aber viele neue Potenziale für die Firma entstanden, die wir zu dem Zeitpunkt ohne den Krisenmodus so nicht gehabt hätten.«

PEGGY REICHELT, XBYX – WOMEN IN BALANCE

»Das Wichtigste war immer das Team – unter uns Gründern wurde viel diskutiert, überlegt und auch mal eine

Meinungsverschiedenheit ausgetragen. Wichtig war aber, dass wir uns immer gegenseitig unterstützt haben, um nach Lösungen zu suchen. Dabei gab es konstant Tiefpunkte (ein weiterer Investor, der abgesagt hat), aber wir hatten gelernt, mit Rückschlägen umzugehen und immer nach vorne zu schauen. Wichtig dabei war insbesondere, diese Themen nur im engsten Führungsteam zu besprechen. Je größer die Organisation, desto schwieriger wird es, alle Mitarbeiter:innen abzuholen und sobald die Gründer:innen Unsicherheit über den Fortbestand zeigen, kann das zum Verlust von Talenten und damit noch mehr Problemen führen. Es geht nicht darum, dem Team etwas vorzuenthalten, sondern darum, möglichst klar zu kommunizieren.«

SVEN LACKINGER, SASTRIFY

## KAPITEL 4

# Zoff mit dem oder der Investor:in

*»Dein:e Investor:in ist nicht deine Patentante.«*
HOLGER G. WEISS

»Ich kann nicht glauben, was ich hier höre«, dröhnte die Stimme des Investors durch den Konferenzsaal.

Rait und Eric sahen sich an. Sie waren bis aufs Mark erschüttert. Mit diesem Gespräch konnte alles zu Ende sein. Der Zusammenbruch ihrer Firma war dann praktisch vorprogrammiert. Dabei hatte alles so verheißungsvoll begonnen...

Vor 4 Jahren waren Rait und Eric aus Schweden nach Berlin gekommen, um hier ihr Start-up weiter auszubauen. Mit ihrer Firma arbeiteten sie an einer speziellen Lösung für die Automobilindustrie – es ging um Übertragungstechnologien, die es Fahrzeugen erlauben, sicher mit ihrer Umwelt zu kommunizieren – und das ganz ohne Internet. Wie immer bei Deep-Tech-Start-ups, und insbesondere auch im Automobilbereich, dauern diese Entwicklungen sehr lange. Dementsprechend waren die beiden sehr froh, einen Investor gefunden zu haben, der mit diesen Zyklen umgehen konnte und der vor allem viel von der Materie verstand. In den letzten Wochen hatte es zahlreiche Gespräche mit Automobilherstellern gegeben. Mit einem der führenden deutschen Hersteller stand sogar eine erste Test-Kooperation an. Im Rahmen dieser Gespräche hatte sich klar herausgestellt, was die Hersteller am dringendsten brauchten: eine sichere Plattform, um die Masse der zukünftigen Daten aus Fahrzeugen an Dritte weiterzugeben. Mit dieser Information war es Rait und Eric möglich, sich frühzeitig auf den Bedarf einer ganzen Industrie einzustellen.

Die beiden Gründer waren wie angefixt. Einmal im Leben hatten sie die Chance mit ihrer Innovation auf dem Markt »vor der Welle zu schwimmen«. Aus unternehmerischer Sicht war das die Möglichkeit für den Jackpot. Also wurde alles auf die neue Richtung umgestellt: die Entwicklung, die Roadmap, die Strategie.

Schon im kommenden Board-Meeting präsentierten sie ihre Entscheidung als Tatsache und berichteten stolz, wie schnell das Team sich den neuen Aufgaben gewidmet habe. Der Investor wurde stumm, hörte sich den Bericht an, holte dann tief Luft und legte los:

»Unglaublich. Ich werde hier als Gesellschafter und Beirat vor vollendete Tatsachen gestellt. Und noch dazu bei einer Entscheidung, die ich für völlig falsch halte.«

Rait und Eric sahen sich entgeistert an. Wie war es möglich, dass ihr Investor diese gigantische Chance nicht sehen konnte?

Doch der blieb bei seinem Standpunkt und untermauerte ihn noch weiter: »Ich kann nicht glauben, was ich hier höre. Das Investment, das ich in die Firma geleistet habe, ist unter anderen Voraussetzungen geschehen. Ich stelle infrage, ob ich unter diesen Voraussetzungen weiter investieren werde.«

Die Strategie und das Produkt waren in seiner Wahrnehmung nicht mehr im Einklang mit seiner Investment-Hypothese. Ein Vertrauensbruch war die Folge.

Wochenlange Diskussionen schlossen sich an, in denen die Gründer viel Mühen aufwenden mussten, ihre Entscheidung zu rechtfertigen und Argumente zu liefern, warum es aus ihrer Sicht richtig gewesen sei, diesen Strategiewechsel vorzunehmen.

Ich war damals der Mentor der beiden und saß im Beirat.

Am Ende gelang es uns dann doch gemeinsam, das verspielte Vertrauen des Investors wieder herzustellen. Wäre er allerdings zu jenem Zeitpunkt ausgestiegen, hätte dies vermutlich das Ende der Firma bedeutet.

> **»Viele Gründer werden komplett kalt erwischt, wenn es zum ersten Mal zu Konflikten mit Investor:innen kommt.«**

Investor:innen sind auch nur Menschen wie du und ich. Wenn das Investment getätigt wird, hat man meistens schon einige Zeit miteinander verbracht. Es entsteht eine Beziehung, ein Vertrauensverhältnis, das von Sympathie und – gerade zu Beginn – von Euphorie geprägt ist. Immerhin hat man sich gefunden, um gemeinsam etwas Großes zu schaffen.

Die anfängliche »rosarote Brille« der Euphorie führt dann oft dazu, dass viele Gründer:innen sehr überrascht sind, wenn das eigentliche Interesse eines Investors oder einer Investorin zu Tage tritt: das maximale Optimieren seines/ihres Investments.

Spätestens mit dieser Desillusionierung wird klar: Gründer:innen und Investoren:innen haben in manchen Punkten naturgegeben gegenläufige Interessen. Und dieser Umstand bietet potenziell viel Zündstoff für Konflikte. Am besten ist man sich dessen schon bewusst, bevor man sich Investor:innen sucht.

Und wie so oft ist auch hier die individuelle Fähigkeit, Konflikte zu lösen, maßgebend. Es ist völlig okay, dass man nicht mit allen Investor:innen gleich gut zurechtkommt. Das ist wie im normalen Leben – mit einigen Menschen kann man umgehen, mit anderen eben nicht. Es mag Situationen geben, in denen man sich selbst nach einigen Jahren des gemeinsamen Arbeitens plötzlich sehr wundert, mit wem man dort zusammen am Tisch sitzt. Hatte man nicht über Jahre ein vertrauensvolles und enges Verhältnis aufgebaut? Wieder fällt man aus allen Wolken. Erfahrungsgemäß knallt es spätestens im Exit-Fall, also wenn das Start-up verkauft werden soll – dann nämlich, wenn sich alle Beteiligten selbst am nächsten stehen. Wer schon mal in einen familiären Erbstreit verwickelt war, kann sich ungefähr vorstellen, was dann los ist.

Wie bereits gesagt, Investor:innen und Unternehmer:innen können gemeinsame Interessen haben, das muss aber nicht so sein.

> **»Es gilt die Faustregel: Wenn alles gut läuft, sind die Interessen ähnlich gelagert, im Fall von Problemen werden sie relativ schnell gegensätzlich sein.«**

In den ersten Monaten oder auch Jahren eines Start-ups treten diese Konflikte oft noch nicht an die Oberfläche. In der Regel hat ein:e Investor:in sich gut überlegt, warum er das Geld in eine Firma investiert. Er oder sie versteht, dass ein Frühphasen-Start-up Zeit braucht, Dinge zu entwickeln, er nimmt am Board-Meeting teil und hört sich die Berichte an.

Im Grunde ist er aber nicht wirklich bei der Sache, weil der Moment, ab dem er aktiv werden kann – wenn das Geschäft anfängt zu laufen, wenn die Firma anfängt zu wachsen, wenn eine neue Finanzierungsrunde ansteht – noch nicht auf der Tagesordnung steht. Das führt dann dazu, dass viele Gründer:innen sich in Sicherheit wiegen und denken, dass das Geld auf dem Konto ist und es jetzt nur noch darum geht, mit diesem Geld zu arbeiten. In der Realität kann es eine Zeitlang in der Tat so aussehen. Was ist aber, wenn die Dinge anders laufen?

Ein typischer Fall ist zum Beispiel, wenn vereinbarte Ziele nicht erreicht werden, wenn sich die Umstände ändern oder viele andere Aspekte, die wir uns in diesem Buch anschauen. Sie können Auslöser dafür sein, dass es zu einer Krise mit dem oder der Investor:in kommt. Ein Konflikt im Team, ein Produkt, das nicht funktioniert oder Ähnliches.

Nehmen wir das Beispiel vom Businessplan. Der Plan wurde aufgestellt und war eine Voraussetzung für das Investment. Doch die Realität stellt den Plan auf den Prüfstein. Je weiter man zeitlich im Plan fortschreitet, desto klarer wird, ob das Geplante wirklich eintreten wird.

Sollte die Firma also nur noch den Umsatzzielen oder Nutzerzahlen hinterherlaufen und dabei aber ihre Meilensteine verfehlen, wird jede:r Investor:in spätestens dann das erste Mal nachfragen. Je nachdem, wie erfahren das Führungsteam ist, kann so etwas sehr unerwartet passieren. Eine klassische Situation dafür ist das Board-Meeting. Es ist eigentlich wie in allen anderen Meetings, man geht die Agenda durch, man weiß, es sind Knackpunkte dabei, die bisher aber noch kein Problem dargestellt haben. Und plötzlich entsteht aus einer Diskussion mit einem oder mehreren der anwesenden Investoren:innen eine Dynamik, die schon im Tonfall von den üblichen Diskussionen abweicht, sich aber vor allem inhaltlich von dem stark unterscheidet, was vorher war.

Um einen Konflikt möglichst schnell zu lösen, muss man sich ihm stellen. Den Kopf in den Sand stecken ist keine Option und hätte bei einer Investor:innen-Krise fatale Folgen.

Zuerst sollte man die Ursache des Konfliktes herausfinden. In der Regel liegt sie in einem gestörten Vertrauensverhältnis – wie im Fall von Rait und Eric. Die eigentlichen Gründe eines Vertrauensverlustes liegen eigentlich immer im Verfehlen von Zielen – Verzögerungen in der Roadmap, das Nicht-Erreichen von Vertriebszahlen, oder weniger Umsätze als im Forecast. Denn die Ziele sind das Maß für ein erfolgreiches Team, ein erfolgreiches Produkt und ein erfolgreiches Businessmodell. Wenn Ziele aber nicht eingehalten werden, wird ein:e Investor:in anfangen, das Team zu hinterfragen. Es geht also nicht darum, das Produkt zu fixen oder eine Teamkrise in den Griff zu bekommen. Es geht darum, dass das Vertrauen eines Investors oder einer Investorin in das Management Kratzer bekommt.

> **»Und bei jeder Krise lautet die Faustregel:**
> **Je eher erkannt, desto leichter gebannt.«**

Als Gründer:in mag diese Situation gefühlt immer zu früh kommen, zu heftig in der Tonalität sein und in den Reaktionen des Investors oder der Investorin zu ausgeprägt. Deshalb ist es gut, darauf vorbereitet zu sein, denn es ist eine Situation, die das Fortbestehen des Unternehmens gefährden kann, weil beide Parteien, Investor:in und Gründer:in, in einem Boot sitzen. Als Gründer:in wird man in Zukunft auf den oder die Investor:in angewiesen sein, wenn es darum geht, zusätzliche Finanzierungsrunden aufzustellen. Es ist ein Verhältnis, bei dem beide Seiten voneinander abhängig sind.

Um ein anderes Bild zu verwenden: Es ist eine Seilschaft wie beim Bergsteigen, in der man aneinander gebunden ist. Das wird in unterschiedlichen Phasen eines Unternehmens mehr oder weniger intensiv sein, aber im Grunde genommen ist es eine Schicksalsgemeinschaft. So unterscheidet sich die Investor:innen-Krise von allen anderen hier besprochenen Krisen darin, dass eine unbedingte gegenseitige Abhängigkeit herrscht. Beide Seiten haben ein Interesse, es nicht zur Krise kommen zu lassen und werden ihr Möglichstes tun, um eine Eskalation zu vermeiden.

Wie wir gesehen haben, ist das beispielsweise in einer Teamkrise etwas anderes. Dort können die Dinge aus dem Ruder laufen und sollten sie eskalieren, dann ist der Preis relativ hoch. Man muss auf einen talentierten Mitarbeiter oder Mitarbeiterin verzichten, der oder die sich wiederum eine neue Stelle suchen muss. Im Falle eines Millionen-Investments sieht das etwas anders aus. Das Ganze wird erst dann aus dem Ruder laufen, wenn der oder die Investor:in selbst das Start-up und damit sein Investment abgeschrieben hat und ganz klar zum Ausdruck bringt, dass es ihm egal ist, was passiert. Oder wenn das Gründer:innen-Team entscheidet, dass es aussteigt. Dann sind die Abhängigkeiten nicht mehr gegeben und der Mechanismus der gegenseitigen Abschreckung kann nicht mehr greifen.

Es gibt kaum Vorzeichen, wie und wann es zu einer Investor:innen-Krise kommen kann. Plötzlich entsteht eine Diskussion, die vorher nicht absehbar war oder auf die man nicht vorbereitet ist. Dabei ist es unerheblich, ob der oder die Investor:in absichtlich diese Situation provoziert oder ob es plötzlich und spontan zu einem Konflikt kommt. Solche Situationen sind immer unangenehm, weil sie die allgemeine Dynamik stören. Weiterhin wird ein solcher Konflikt, wenn er offen ausgetragen wird, auch auf andere Investor:innen und Gesellschafter:innen überspringen. Investor:innen sind eben auch nur Menschen und das bedeutet, dass jede:r anders mit einem Konflikt umgeht.

Da gibt es den oder die diplomatisch konzilante:n Investor:in, der/die einen zur Seite nimmt oder vor dem Board-Meeting anruft, um auf die Situation vorzubereiten. In diesem Fall kann man Vorbereitungen treffen, Antworten erarbeiten und sich der Diskussion offen stellen. Es gibt aber auch andere, die unvorbereitet in ein Board-Meeting gehen und Gründer:innen unvermittelt ins Kreuzverhör nehmen. Anstatt ihre Zweifel im Anschluss mit den Gründer:innen unter vier Augen zu besprechen, halten sie ein Tribunal und konfrontieren sie mit ihren Vorwürfen vor allen anderen.

Meiner Erfahrung nach gibt es auch Investor:innen, mit denen man nie wirklich ein Vertrauensverhältnis aufbauen kann. Was ist zum Beispiel, wenn der Ansprechpartner bei einem oder einer Investor:in wechselt? Das Investment wurde von einem Partner begleitet, der das Thema von Anfang an vertreten hat. In der Folge verlässt er aber sein Unternehmen und plötzlich sitzt eine bisher unbekannte Person im Beirat. Plötzlich stimmt das Vertrauensverhältnis nicht mehr. Sympathie und Vertrauen haben einen Einfluss auf Investmententscheidungen. Der oder die »Neue« hegt vielleicht von Beginn an Zweifel am Geschäftsmodell, die Historie des Start-ups mit allen Details ist nicht bekannt und es besteht auch keine Bereitschaft, sich einzuarbeiten. Damit ergibt sich eine Situation, die in sich erstmal schwierig zu managen ist, weil es auf der rein persönlichen Ebene schon hakt.

Und dann gibt es die Art von Investor:innen, die Investments komplett unemotional einfach nur nach Fakten und Zahlen steuern. Das ist meiner Erfahrung nach völlig legitim, wenn sich ein Unternehmen bereits in einem Stadium befindet, in dem es mit Zahlen und Fakten zu steuern ist.

Doch in einem Frühphasen-Start-up ist dies oftmals nicht der Fall. Das hängt unter anderem auch davon ab, welchen Geschäftszweck das Start-up verfolgt. Ist es ein reines e-Commerce-Start-up, bei dem man sehr klare KPIs (»Key Performance Indicators«) festlegen kann, oder ist es ein sogenanntes »Deep-Tech-Start-up«, bei dem man zunächst eine ganze Weile in die Technologie investieren muss? Der Unterschied: Bei Geschäftsmodellen, die durch Vertriebskennzahlen bestimmt werden, wird schnell klar, ob ein Team den Plan erfüllt und das Produkt funktioniert. Bei Deep-Tech und anderen innovativen Start-ups dagegen gibt es wenig Vergleichbarkeit, weil oft Neuland betreten wird. Gerade bei unerfahrenen Investor:innen kann das dazu führen, dass vermeintliche Kennzahlen gar nicht herangezogen werden können.

Es gibt aber auch Investor:innen, die einfach komplett andere Maßstäbe und Kommunikationsmuster haben, als man erwarten würde. Ich hatte die Situation mit einem oder einer Investor:in, der häufig seine vertraglich zugesagten Einlagen nicht oder nur mit großer Verzögerung gezahlt hat. Obwohl alle anderen Investor:innen bereits gezahlt hatten, musste ich ihm wochenlang nachtelefonieren, um ihn an seine Verpflichtungen zu erinnern. In der Regel kam die Überweisung dann nach einigen Wochen, aber der unnötige Druck, den er damit auf mich und das Team ausgeübt hat, hat ein gutes Verhältnis gar nicht erst entstehen lassen. Dabei handelte es sich nicht um einen etwas unzuverlässigen Business- Angel, sondern einen großen renommierten europäischen Investmentfonds. In stetiger Regelmäßigkeit hat er seine Zahlungen verzögert.

Grundsätzlich ist es gut, wenn man sich von Anfang an bewusst macht, was die Rolle des Investors oder der Investorin ist. Es handelt sich nicht um eine selbstlose Patentante, sondern konkrete eigene Interessen spielen immer eine Rolle. Und es hilft, wenn man sich auf persönlicher Ebene gut versteht, aber am Ende geht es um ein vertragliches Verhältnis, bei dem es die Rolle der Gründer:innen ist, den Wert des Unternehmens zu maximieren. Sollte das nicht gelingen, oder aus der Sicht des Investors oder der Investor:in zumindest nicht schnell genug, wird er oder sie Druck ausüben. Das kann so weit gehen, dass er oder sie auch Gründer:innen aus ihrem Unternehmen drängt.

Investor:innen werden so lange unterstützen, wie man ihre Erwartungen erfüllt – eine bedingungslose Unterstützung gibt es nicht. Auf der anderen Seite sind Investor:innen auch abhängig von den Gründer:innen. Dieses »atomare Gleichgewicht« ist charakteristisch für die Investorenkrise.

> **»Wie oft im Leben zeigt es sich auch beim Unternehmertum – gemeinsam kann man Krisen besser meistern.«**

Es führt kein Weg daran vorbei: Lösungen kommen nur, wenn man bereit ist, sie gemeinsam zu finden. Dazu muss man auch gewillt sein, zu sprechen, die Sichtweise der anderen einzunehmen und konkrete Handlungen zu unternehmen, um die Lage zu verbessern. Dabei hilft es nicht, an der Oberfläche zu kratzen. Manchmal tritt erst nach mehrmaligem beharrlichem Nachfragen das eigentliche Bedenken des Investors oder der Investorin zutage. Gerade bei unerfahrenen Gründer:innen stelle ich fest, dass sie die Kommunikation mit Investor:innen unterschätzen. In großen Unternehmen gibt es ganze Abteilungen dafür – Investor Relations – und bei börsennotierten Firmen findet man in den Top-Menüpunkten auf der Website immer sehr prominent Informationen für Investor:innen. Ganz wesentlich dabei ist die Kontinuität der Kommunikation, denn diese verhindert oft schon im Vorfeld, dass sich Missverständnisse aufbauen und, dass das Bild, das ein:e Investor:in vom aktuellen Geschehen des Start-ups hat, stark vom tatsächlichen Zustand abweicht. Das muss kein aufwendiges Hexenwerk sein. Bereits wenige, regelmäßige Maßnahmen können hier Wunder bewirken, dazu gehört:

• Das Erstellen und Versenden einer monatlichen Zusammenfassung der wichtigsten Ereignisse in einer E-Mail an alle Investor:innen.

• Das Erstellen und Versenden eines Monats- oder Quartalsberichts über die wesentlichen Finanzdaten.

• Das Kreieren von direktem Austausch, indem man regelmäßig in Form eines persönlichen Gespräches unter vier Augen mit dem oder der Investor:in spricht. Hier kann man dann auch Schwierigkeiten ansprechen. Ein:e professionelle:r Investor:in kennt das und wird erwarten, dass nicht immer alles rund läuft.

- Das frühzeitige Informieren des Investors oder der Investorin über Themen, die im kommenden Board-Meeting zu Diskussionen führen können.

- Investor:innen geht es vorrangig darum, ihr Risiko einzuschätzen. Es hilft, alles zu unternehmen, was Gründer:innen und das Start-up vorhersehbar macht.

Am Ende gibt es viele sehr erfolgreiche Beispiele dafür, dass Gründer:innen und Investor:innen Konflikte bereinigen konnten. Ich kenne viele Investor:innen, die sich in bewundernswerten Weisen für *ihre* Start-ups einsetzen – auch und gerade in schwierigen Zeiten. Das Bild der »atomaren Abschreckung« verdeutlicht das gegenseitige Abhängigkeitsverhältnis. Doch eben diese Abhängigkeit kann auch dazu beitragen, dass man gewillt ist, gemeinsam einen Weg aus der Krise zu finden.

Generell ist es gut, wenn man bei den ganzen Herausforderungen, die ein Start-up mit sich bringt, nicht allein ist. Der »Partner in Crime« – der oder die Co-Founder:in – hilft dabei, schwierige Phasen und Krisen besser zu bewältigen. Was ist aber nun, wenn genau dieses Verhältnis bröckelt? Wenn das gegenseitige Vertrauen schwindet oder man feststellen muss, dass ein:e Mitgründer:in sich in kritischen Situationen ganz anders verhält als man selbst? Das kommende Kapitel nimmt entsprechend die Co-Founder-Krise ins Visier.

# Gründer-Storys

»Mit der richtigen Botschaft, gefolgt von den richtigen Handlungen. Als Start-up muss ich meine Botschaft ohne Verzögerung an alle wichtigen Zielgruppen kommunizieren: das Team, Kund:innen, Investor:innen, Partner:innen sowie möglicherweise auch Behörden und die Öffentlichkeit über Medien und Social Media. Was ich ankündige oder verspreche, muss ich dann auch einhalten. Am besten lege ich gleich alles offen auf den Tisch. Dadurch baue ich Vertrauen auf und kann die Krise schneller überwinden. In der Krise wiegt alles doppelt so schwer. Kommuniziere ich empathisch und ohne Verzögerung, wird es mir hoch angerechnet. Spreche ich zu spät oder auf die falsche Art und Weise mit Team, Kund:innen oder Investor:innen, verschlimmere ich die Krise.«

OLIVER AUST, EO IPSO COMMUNICATIONS

## KAPITEL 5

# Dein:e Co-Founder:in und du

»*Meistens hat, wenn zwei sich scheiden,*
*einer etwas mehr zu leiden.*«

WILHELM BUSCH

Als Steph nach dem Streit mit ihrem Mitgründer immer noch sehr aufgebracht das gemeinsame Büro verließ, blieb sie erschrocken stehen. Alle Mitarbeiter:innen saßen entweder mit gesenkten Köpfen an ihren Schreibtischen oder starrten sie irritiert an. Erst da fiel ihr auf, dass sie und Till sich ja eben angebrüllt hatten, richtig laut, und dass eine Glastür das nicht hatte verbergen können. Alle im Büro hatten mitbekommen, wie die beiden Gründer:innen sich gestritten hatten. An diesem Nachmittag rief Steph mich an und teilte mir mit, dass es ihr unmöglich sei, noch mit Till Zeit im Büro zu verbringen. Sie werde nur noch dort arbeiten, wenn er nicht da sei.

Steph und Till hatten sich ein Jahr zuvor kennengelernt. Beide waren fasziniert von der Idee, ein eigenes Start-up aufzubauen. Und Berlin war gerade dabei, als Start-up City richtig zu boomen. Immer mehr Gründer:innen kamen in die Stadt und die ersten großen Erfolge gab es schon. Zunächst hatten sich die beiden nächtelang in den Bars von Mitte mit der Idee auseinandergesetzt. Viele Konzepte wurden diskutiert, wieder verworfen, neue Produktideen gebrainstormed und wieder verworfen. Irgendwann war klar, Online-Dating ist der Megatrend der Stunde. Während sich die meisten Dating-Start-ups auf das klassische Match-Making fokussierten, also das möglichst passende Übereinstimmen von Neigungen, Interessen und Lebenszielen, waren sich Steph und Till sicher, dass Dating auch unkonventionell sein müsste. Schnell, spontan – wie in den Bars rund um die Torstraße. Die Idee war revolutionär, Tinder – aber 5 Jahre früher. Till und ich kannten uns von der Uni und als er mich fragte, ob ich beratend dabei sein wollte, habe ich zugesagt. Wir hatten die erste kleine Finanzierungsrunde recht schnell auf die Beine gestellt und dann ging es auch schon los.

Nur ein Jahr später zerbrach das Gründer:innen-Team im Streit. Die ersten 12 Monate hatten gezeigt, wie unterschiedlich die beiden waren. Till wollte schnell Erfolge sehen, nichts Perfektes bauen, ab in den App-Store und dann schauen, was passierte. Steph war das Gegenteil. Bevor nicht alles funktionierte, top aussah und auch noch getestet war, wollte sie am liebsten nicht mal Freunden die App zeigen. Die Spannungen wuchsen, auch weil die anderen Herausforderungen eines Start-ups in der Phase zum Vorschein kamen. Das Geld wurde knapp. Ohne die ersten Daten aus dem Markt war es aber schwierig, neue Investor:innen zu begeistern. Aus einem gemeinsamen

Projekt, das so groß hätte werden können, wurde ein dauerhafter Konflikt, der darin gipfelte, dass das Gründer:innen-Team zerbrach – und kurz danach dann auch die Firma.

Beim Gründen eines Start-ups verhält es sich genauso wie bei vielen anderen Dingen, die man neu beginnt. Am Anfang erscheint alles aufregend und Probleme in weiter Ferne. Natürlich weiß man vieles noch nicht und spürt eine entsprechende Unsicherheit. Gleichzeitig ist man getragen von der Vision und dem Enthusiasmus, etwas Neues zu schaffen. Für viele ist eine der ersten Fragen beim Gründen eines Start-ups, mit wem man diese Reise unternehmen möchte. Die Suche nach einem oder einer Mitgründer:in ist dabei erstaunlich häufig eine der ersten großen Herausforderungen, die man am Anfang zu bewältigen hat.

Aber warum ist das eigentlich so? Man könnte doch auch davon ausgehen, dass man ganz allein eine Idee umsetzen, ein Team begeistern, Investor:innen überzeugen und das Ganze zu einem außerordentlichen Erfolg führen kann. Und in der Tat gibt es Beispiele für solche sogenannten Solo-Gründer:innen oder auch umgangssprachlich Einzelkämpfer:innen. Die Erfahrung zeigt aber, dass es nicht nur psychologisch eine gute Sache ist, ein Start-up nicht allein zu gründen.

> **»Der gute alte Spruch gilt auch beim Gründen eines Start-ups: Geteiltes Leid ist halbes Leid, geteilte Freude ist doppelte Freude.«**

Gemeinsam lassen sich viele Herausforderungen besser bewältigen. Und die unterschiedlichen Herausforderungen und Talente, derer es bedarf, um ein Unternehmen aufzubauen, sind selten in nur einer Person vereinigt. Es ist auch

eine valide Alternative, sich diese Talente in Form von Team-
mitgliedern zusammenzusuchen. Aber die meisten Start-
ups werden von zwei oder mehr Gründer:innen gemeinsam
gestartet.

Der psychologische Faktor spielt dabei eine tragende Rolle.
Gerade in der sehr belastenden Anfangsphase eines Start-ups
ist es immens wichtig, dass man sich auf jemand anderen verlassen kann. Es braucht Identifizierung mit der unternehmerischen Idee und Ausdauer, diese auch über Widrigkeiten hinweg zur Umsetzung zu führen. Etwas, was direkt verbunden
ist mit der DNA und dem Bekenntnis der Gründer:innen.
Wenn man so will, sind die Gründer:innen die Eltern des Unternehmens und sorgen entsprechend bedingungslos für alle
Belange.

Ganz abgesehen von den vielen Vorteilen, die das gemeinsame Gründen mit sich bringt, sind es gerade auch die
Investor:innen, die selten nur auf eine:n einzelne:n Gründer:in
setzen. Das mag im Falle von Wiederholungstäter:innen
oder sogenannten »Serial Entrepreneurs« anders aussehen,
aber gerade für Gründer:innen, die das erste Mal ein Start-
up führen, gibt es kaum Investor:innen, die einem oder einer Einzelkämpfer:in vertrauen würde. Das hat sehr prag-
matische Gründe. Was ist, wenn ein:e Gründer:in in der
Anfangsphase eines Start-ups entscheidet, dass sie oder er
nicht weitermachen will oder kann? In einer solchen Situation ist es für Investor:innen wichtig, dass ein Teil des
Gründer:innen-Teams die Firma weiterentwickelt. Das ist
einer der wesentlichen Gründe, warum Investor:innen so genau auf das Gründer:innen-Team schauen werden.

Ganz egal, mit wem man zusammen gründet, man muss
sich darauf einstellen, dass es zwischen Gründer:innen auch

zu Konflikten und Auseinandersetzungen kommt. So vielfältig wie Start-ups selbst sind die Konstellationen, in denen
sich Gründer:innen-Teams gefunden haben – und in welchem
Verhältnis sie zueinander stehen. Es gibt Gründer:innen, die
kennen sich seit der Kindheit und haben sich durch das Stu-
dium begleitet. Jetzt wollen sie ihre Start-up-Idee zusammen
entwickeln. Es gibt Gründer:innen, die haben sich erst kurze
Zeit vor der Gründung kennengelernt. Inzwischen gibt es ja
sogar Speed-Dating-Events für Gründer:innen, um den oder
die richtige:n Partner:in in Crime zu finden. Und es gibt auch
Gründer:innen, die Geschwister oder verheiratet sind. Bei all
diesen Konstellationen wird es zu Konflikten kommen und das
ist ganz normal. Die Analogie einer Ehe passt hier gut: Zunächst ist *Honeymoon*. Alles scheint machbar, die Welt steht offen. Man ist einfach nur gemeinsam begeistert von dem, was
man schaffen kann: etwas Großes aufbauen, reich werden, das
nächste große Ding.

Wie es zwischen Menschen eben so ist und insbesondere
bei solchen, die viel und intensiv Zeit miteinander verbringen,
wird man schnell feststellen, dass man nicht immer der gleichen Meinung ist. In vielen Situationen wird das überhaupt gar
kein Problem sein. Man wird Konflikte lösen, wie man Konflikte eben löst: sich zusammensetzen, diskutieren und Lösungen finden. Dann entscheidet man gemeinsam im Sinne der
Sache und die Sache ist in diesem Fall das gemeinsame Start-
up. Solche Prozesse haben wir gelernt – in der Familie, im Ver-
ein, im Klassenverband, man kennt das.

Ein Gründer:innen-Team ist gut beraten, wenn es sich
von Anfang an darauf einstellt, dass es auch zu Konfliktsituationen kommen kann, die nicht mehr einfach zu lösen sind. Das soll nicht heißen, dass man jeden Tag auf der

Hut sein muss, damit es nicht zum Streit mit dem oder der Mitgründer:in kommt. Vielmehr muss man ein Programm zur Hand haben, das man anwendet, wenn es doch dazu kommt.

## Für eine Gründer:innen-Krise gibt es viele Ursachen.

Gerade bei Gründern:innen, die sich sehr lange kennen, kann es schnell zu Konflikten kommen. Bei Paaren, die lange eine Fernbeziehung gelebt haben und dann zusammenziehen, kennt man das. Ein anderes klassisches Beispiel ist der erste gemeinsame Urlaub. Obwohl man sich sehr vertraut ist, hat man plötzlich in manchen Momenten das Gefühl, den anderen nicht zu kennen. Menschen reagieren unter Stress und Druck grundsätzlich anders, als wenn sie gelassen sind. Zumal wenn man nicht wie bisher einige Stunden in der Woche zusammen verbracht hat, sondern plötzlich einen Großteil der Zeit.

Vorher ging es um nichts, jetzt geht es um alles. Was bisher problemlos schien, wird plötzlich persönlich. Unterschiedliche familiäre Konstellationen erzwingen unterschiedliche Tagesabläufe. Der Frühaufsteher verabschiedet den Nachtarbeiter morgens im Büro.

Wie beurteilt man die Dinge generell? Welche Prioritäten setzt man bei der Zusammenstellung des Teams, wie geht man mit Konfliktsituationen um?

Und hier passiert es eben, dass die eigene Vorstellung von dem oder der Mitgründer:in stark abweichen kann. Dies wird eventuell dazu führen, dass man plötzlich Zweifel hat, ob es wirklich die richtige Entscheidung war, gemeinsam zu gründen.

Im Falle einer Freundschaft hat dieser Gedanke eine besondere Dimension, denn was für Folgen hat es, wenn man seine Entscheidung revidiert?

Das ist eben beachtenswert beim Gründen mit Freund:innen: Plötzlich kommt eine vertragliche Ebene dazu, es kommt eine finanzielle Ebene dazu, es geht um die Lebensplanung und um Lebenszeit. An keiner Freundschaft wird das spurlos abperlen. Fast noch intensiver ist die Situation bei Paaren, die das Abenteuer eines gemeinsamen Start-ups beginnen. Entsprechend kenne ich auch nur sehr wenige Start-ups, die erfolgreich von Paaren geführt werden. Die potenziellen Konfliktsituationen und die Anstrengung, Privates und Geschäftliches auseinanderzuhalten, sind einfach zu groß.

Heißt das nun, dass es im Umkehrschluss weniger *gefährlich* ist, mit jemandem zu gründen, den man noch gar nicht lange kennt? Nein. Denn während es zwischen Freund:innen zwar diesen Moment des *Sich-Erkennens* unter anderen Vorzeichen gibt, ist es der Natur der Sache geschuldet, dass sich zwei Menschen, die sich noch nicht lange kennen, überhaupt erst richtig kennenlernen müssen. Da jeder Mensch nur unter bestimmten Umständen zu bestimmten Reaktionen neigt, kann es relativ lange dauern, bis man die wesentlichen Persönlichkeitsmerkmale des anderen auch erlebt hat. Das ist aber Voraussetzung, um verstehen zu können, wie man in welchen Situationen miteinander umgeht, und wird direkten Einfluss darauf haben, ob man in Zukunft Krisen gemeinsam meistern wird. Die Ursache der Krise zu erkennen ist zwingend notwendig, um eine Lösung zu erarbeiten.

**»Klare Verantwortungsbereiche erhalten die Freundschaft.«**

Ein häufiger Grund für Meinungsverschiedenheiten zwischen Gründer:innen sind nicht klar abgetrennte Verantwortungsbereiche. Es macht auch zwischen Gründer:innen sehr viel Sinn, sich den jeweiligen Bereich nicht streitig zu machen. Zwei sehr extrovertierte Persönlichkeiten, die gerne beide nach außen wirken und die Rolle des ›Außenministers‹ einnehmen wollen, werden schnell merken, dass das eine:r zu viel ist. Wenn sich alle der Produktstrategie annehmen wollen, während keiner sich um die Finanzierung kümmert, wird es schwierig werden, eine Wachstumsdynamik zu entfalten. Manchmal kann man bei Gründer:innen-Teams diesen Konflikt voraussehen, weil er aufgrund der Beteiligten offensichtlich ist. Doch oftmals wird die mangelnde Abgrenzung erst entlang der Reise sichtbar.

Daneben gibt es oft Auseinandersetzungen über inhaltliche Prioritäten. Zuerst das Produkt perfektionieren und dann an den Markt herantreten, oder »Start-up-Style« – selbstbewusst nach Nutzer:innen und Kund:innen suchen, auch wenn das Produkt noch nicht fertig ist? Brauchen wir gerade den genialen Vordenker, der eine Produkt-Roadmap bis 2030 denken kann, oder die akribische Umsetzerin, die das Team eng führt und pünktlich in jedem Sprint liefert? An solchen Fragen zerbrechen Gründer:innen-Teams, weil sie das Wesen eines Frühphasen-Start-up treffen: Wie schaffen wir den großen Wurf?

## »Gründer:innen sind auch nur Menschen.«

Und dann kommt die menschliche Ebene mit der großen Palette an Sensibilitäten, Empfindlichkeiten und Eitelkeiten dazu. Hier haben Gründer:innen, die sich schon lange kennen, sicher einen Vorteil. Im Zweifel wissen sie über die Schwach-punkte des anderen und können damit umgehen, bzw. darauf achten. Dennoch liegt hier auch ein sehr großes Konfliktpo-tenzial, weil Menschen sich schwer ändern lassen. Der Hang zum Jähzorn, der immer wieder zu Wutausbrüchen vor dem Team führt. Ein unterschiedliches Verständnis, wie mit Bud-gets umzugehen ist. Das großzügige Nutzen der Firmen-Kre-ditkarte, schlechte oder nachlässige Vorbereitung von Board-Meetings, das Produkt betreffende Kritikunfähigkeit. Diese Themen sind zwischen Gründer:innen zum Teil sehr schwer zu besprechen. Die Erfahrung zeigt auch, dass selbst die Thema-tisierung, verbunden mit der Bereitschaft zur Änderung, selten dauerhaft zu einer Veränderung führt. Es gehört der Wille von allen Gründer:innen dazu, die Sache ins Lot zu bekommen – so wie es auch in einer guten Ehe notwendig ist, um das Bild hier noch einmal aufzugreifen.

Letztendlich ist es egal, was zum Konflikt zwischen Grün-dern:innen führt, denn wenn er da ist und in einem Aus-maß stattfindet, dass er sich zu einer Krise auswächst, dann ist das für ein Start-up in der Tat existenziell. Entsprechend ist es wichtig, solche Konfliktpotenziale im Voraus zu iden-tifizieren und im Gespräch zwischen den Gründer:innen zu thematisieren. Konflikten zwischen Gründer:innen aus dem Weg zu gehen oder sie totzuschweigen wird nur rela-tiv kurz funktionieren. Die Intensität beim Aufbau eines Start-ups in Verbindung mit dem komplizierten Geflecht aus Investor:innen und Cap-Table, also Unternehmens-anteilen, lässt ein »Unter-den-Teppich-Kehren« nicht zu. Die Erfahrung zeigt: Wenn grundlegende Dinge zwischen Gründer:innen nicht funktionieren, kann es kaum Perspek-tiven für eine Lösung geben.

Bei der Konfliktbewältigung gilt ganz klar, dass diese nach Möglichkeit zunächst ausschließlich zwischen den Gründer:innen stattfinden sollte. Wie ich in dem Kapitel zur Teamkrise schon erläutert habe, kann aus einem Gründerkonflikt auch eine Teamkrise entstehen – nämlich dann, wenn der Konflikt zwischen den Gründer:innen dazu führt, dass sich – bewusst oder unbewusst – ein Teil des Teams separiert. Das wiederum führt dann zu weiteren Problemen, die wir uns ja bereits angesehen haben.

> **»Das oberste Prinzip kann also nur heißen, Probleme zwischen den Gründer:innen selbst zu lösen und nach Möglichkeit andere außen vor zu lassen.«**

Das betrifft Teammitglieder genauso wie Investor:innen und Beiratsmitglieder. Hinzu kommt, dass alle Parteien besonders sensibel für Konflikte zwischen den Gründer:innen sind, womit auch klar wird, wie kritisch gerade die Gründer:innen-Krise für ein Frühphasen-Start-up sein kann. Wahrscheinlich gibt es keine andere Krise, die so schnell die gesamte Idee infrage stellen kann, denn die Gründer:innen sind in den ersten Monaten und Jahren eines Start-ups die treibende Kraft. Bevor eine Firma wirklich auf eigenen Beinen stehen kann – wie ein Kind, das langsam seine ersten Schritte allein geht – und auch die typischen Gründer:innen-Positionen von Dritten eingenommen werden können, dauert es in der Regel relativ lange.

Aus meiner Beobachtung gibt es sehr viel mehr Start-ups, bei denen die Gründer:innen in der Aufbauphase mindestens einmal in eine Krise gerutscht sind, als solche, bei denen das nicht passiert ist. So verwundert es auch nicht, dass immer wieder gerade die Geschichte von Gründer:innen-Teams hervorgehoben wird, die über Jahre hinweg die verschiedensten Phasen der Firma gemeinsam durchlaufen haben und beim großen Erfolg noch alle an Bord sind. Mir fallen spontan dazu die Plattformen *Eyeem* und *AirBnb* bei ihrem Börsengang ein. Von Gründerkrisen bekommt man in der Öffentlichkeit relativ wenig mit. Die meisten der Start-ups und ihre Gründer:innen scheinen es also wirklich zu schaffen, Krisen intern zu bewältigen.

Es gibt verschiedene Möglichkeiten, Konflikte zwischen Gründer:innen aus der Welt zu räumen. Am Anfang steht immer das Gespräch, wie es zwischen Menschen bei Konflikten üblich ist. Sollte das zu keiner Lösung führen, oder sich das Verhalten der einzelnen Beteiligten nach einem solchen Gespräch nicht zum Positiven ändern, dann gibt es die gesamte Klaviatur an Möglichkeiten:

Das Hinzuziehen externer Hilfe, zunächst in Form von Beiratsmitgliedern und Mentor:innen, ist dabei etwas ganz Normales und kann nur empfohlen werden.

Sollten aber alle Bemühungen der Gründer:innen scheitern, die Konflikte aus der Welt zu räumen, und diese sich gegebenenfalls sogar verstärken, dann gibt es keine andere Lösung als eine Trennung zwischen den Gründer:innen. Das heißt in der Realität, dass ein:e Gründer:in oder Teile des Gründer:innenteams die Firma verlassen müssen. Im Sinne des Unternehmens sollte diese Entscheidung auch schnell gefällt werden. Es ist toxisch – und deshalb ja auch Thema dieses Buches – wenn sich eine Krise zu lange hinzieht. Die Firma wird relativ schnell dysfunktional, weil die Führung fehlt, Investor:innen verlieren das Vertrauen, Teams können zerbrechen oder wichtige Teammitglieder abwandern. Es gibt wirklich keine andere Alternative für den Fall, dass sich die Krise zwischen den Gründer:innen nicht lösen lässt. Die Kollateralschäden für das Unternehmen, für die Gesellschafter:innen und Kund:innen sind einfach unabsehbar. Um das Bild der Ehe wieder aufzunehmen: Es kommt zur Scheidung und die Firma bleibt bei dem »Elternteil«, bei dem sie für ihre Entwicklung am besten aufgehoben ist.

Sollte man also selbst in diese Situation kommen, ist es wichtig zu verstehen, dass diese Situation sehr viel öfter vorkommt, als man landläufig glaubt. Man wird weder sich selbst noch dem Unternehmen am Ende einen Dienst erweisen, wenn man die Entscheidung zu lange rauszögert. Ich habe sehr viele Gründer:innen in Konfliktsituationen erlebt, denen es geradezu peinlich war, dass sie jetzt in dieser Situation waren. Man muss hier aber ganz klar sehen, dass es am Ende beim Aufbau einer Firma um ein kommerzielles Unterfangen geht. Deshalb muss der Fokus darauf liegen, dass sie sich möglichst ungestört von der Gründerkrise weiterentwickeln kann. Wenn schnell und sachlich zum Wohle des Unternehmens gehandelt wird, kann dieses sogar gestärkt aus so einer Krise hervorgehen.

Wie in einer Beziehung kann die Trennung zwischen Gründer:innen auch zunächst ein »Schluss machen« brauchen. Es ist der Moment, in dem einer dem anderen sagt: »Ich will nicht mehr mit dir«. Im Falle eines Start-ups wird dieser Schritt aber auch bedeuten, dass der Verlassene gleichzeitig der »Gefeuerte« ist.

Die zwischenmenschliche Dimension kann sicher jeder vorstellen.

**»Aber auch dieser Schritt darf kein Tabu sein, denn ein Start-up ist eben keine Ehe im romantischen Sinn.«**

Es geht darum, den besten Weg zu finden, das Start-up zu etwas Großem zu machen, und das kann bedeuten, dass das besser geht, wenn man sich trennt.

Das wird in einem so engen Ökosystem wie der Start-up-
Welt nicht immer unbemerkt über die Bühne gehen. Oft ist es
auch so, dass bei der Trennung von Gründer:innen nicht beide
danach in der gleichen Position dastehen: Eine wird die Firma
weiterführen, der andere ist ausgeschieden. Egal ob Erfolg oder
Misserfolg in der Zukunft stehen wird, zunächst geht es um
das Wohl der Firma, es geht um das Geld der Investor:innen
und es geht auch darum, dass die gemeinsame Vision, die man
hatte, die Chance bekommt, realisiert zu werden. Auch wenn
am Ende nicht mehr alle Gründer:innen dabei sein werden.

Trennungen erfolgen in der Regel nicht schmerzfrei. Dennoch tun sich alle Beteiligten einen Gefallen, die Angelegenheit
professionell und fair zu behandeln. Es gibt hier keine Faustregel, denn die Konstellationen können sehr unterschiedlich
sein. Es gilt Fragen wie verbleibende Anteile, Abfindungen oder
Stimmrechte zu klären. Ebenso ist es besser, wenn man eine gemeinsame Version der Geschichte entwickelt, denn irgendwer
fragt immer. »Ich habe irgendwann gemerkt, dass ich doch etwas anderes in meinem Leben machen wollte« oder »Es war immer klar, dass wir gemeinsam starten, bis der Prototyp fertig ist,
und jetzt braucht es eine andere Art von Talent, das Ganze zu
einem erfolgreichen Produkt zu machen«. Im Endeffekt ist der
Grund, den man für die Trennung anführt, egal. Es sollte nur
nach Möglichkeit von allen Beteiligten die gleiche Geschichte
erzählt werden und alle müssen die Chance erhalten, »das Gesicht zu wahren«.

Zusammenfassend kann man also festhalten:

- Konflikte zwischen Gründer:innen sind unvermeidbar, deswegen sollte man darauf vorbereitet sein.

- Klar getrennte Verantwortungsbereiche können helfen, Konflikte zu reduzieren. Wenn jede:r seinen oder ihren Bereich hat, tritt man sich weniger auf die Füße.

- Wesentlicher Bestandteil einer guten Gründer:innen-Kultur ist der Wille zur konstruktiven Kritik. Wenn man sich nichts sagen kann, wird es nicht klappen.

- Wenn sich Konflikte nicht lösen lassen, wird einer von beiden gehen müssen.

- Investor:innen antizipieren eine solche Situation und heutige Vertragswerke berücksichtigen das.

Wie bei allen anderen hier beschriebenen Krisen sind bei der Gründer:innen-Krise beherztes und schnelles Handeln sowie professionelles Leadership wichtig. Dass dabei ein zwischenmenschliches Verhältnis auch auf der Strecke bleiben kann — aber nicht muss —, sollte von Start-up-Gründer:innen einkalkuliert werden. Es versteht sich von selbst, dass ein solches Handeln einer starken inneren Motivation bedarf.

So weit, so gut. Die bisher beschriebenen Situationen stellen Gründer:innen vor große Herausforderungen, aber wenn man Glück hat, bekommen Außenstehende davon nichts mit.

Start-ups brauchen aber Öffentlichkeit und auch gerade daraus können Konflikte entstehen, die alles andere als auf die leichte Schulter zu nehmen sind. Public Relation (PR) und Kommunikation haben immer zwei Seiten – eine davon kann zerstörerisch sein. Und genau darum wird es im nächsten Kapitel gehen.

# Gründer-Storys

»Genauso führt es zu Krisen, wenn Teammitglieder (Co-Founder) sich nicht an die aufgestellten, abgesprochenen Regeln halten. *Marke Eigensüppchen kochen* oder auch, wenn im Team Launen der Einzelnen dazukommen, führt das auch immer wieder zu Krisen. Vor allem gegenseitige Meinungen (im Sinne von Urteilen) über einzelne Teammitglieder können sehr, sehr destruktiv für das ganze Team und die Firma sein. Hierzu gibt es kein allgemeines Rezept. Wir lassen uns als Team und für ein besseres Team coachen! Unser Leadership-Coach (Sonja Becker) hilft uns, durch Feedback zu sehen, was jeder macht bzw. warum wir nicht im Team spielen und womit ein jeder individuell das auflösen kann. Wenn wir mitkriegen, dass jemand blockt, weil er oder sie etwas persönlich nimmt, dann geben wir uns inzwischen auch untereinander gegenseitig Feedback – und zwar passiert das in Form unserer *Teammeetings*.«

KRISTIN SCHROEDER, CEMOTIONCC, SONNPOWER GMBH

»Hinterher ist man ja immer schlauer und erkennt die Vorzeichen als solche. Als mein Mitgründer mir nach drei Jahren sagte, dass er sich zurückziehen möchte, gingen diesem Gespräch seinerseits längere Retreats in Indien und weniger Engagement in die Businessplanung einher. Das hatte für mich den Vorteil, dass ich recht sicher im Sattel saß und bereit war, das Gewicht auch allein zu stemmen.«

STEPHAN BAYER, SOFATUTOR

»Mit Idealo waren wir Ende 2001 in der Situation, dass wir nur noch die Entwickler:innen zahlen konnten. So mussten die Non-Tech-Gründerinnen eben arbeiten gehen. Für die Firma war das Einbrechen der Finanzierungen im Rückblick ein Segen. Die meisten Wettbewerber:innen strichen die Segel und wir waren gezwungen, Wege zur Profitabilität zu suchen. Letztendlich ein ziemlich guter Weg, um der Dominator zu werden. Bei *360dialog* hat die Krise zur Neuordnung des Managements geführt und zwei toxische Gründer haben das Unternehmen verlassen, was für die Firma das Beste war, was passieren konnte. In der Folge konnten wir das Geschäftsmodell erfolgreich umbauen und sind jetzt auf dem Weg mithilfe von WhatsApp und der Meta-Organisation das Operating System für Messaging zu bauen.«

MARTIN SINNER, IDEALO

## KAPITEL 6

# Kümmere dich um das Geschwätz der Leute

*»Es braucht 20 Jahre, eine gute Reputation aufzubauen und nur 5 Minuten sie zu zerstören.«*

Warren Buffett

Wir hatten über zwei Jahre gearbeitet und nun war es nicht mehr lange bis zur Produkteinführung. Sowas wie wir hatte vorher noch kein Start-up in Deutschland gemacht. Wir wollten nicht weniger als jedes Auto in Deutschland und später auf der ganzen Welt mit einem sprechenden Assistenten ausstatten, der es dem Fahrenden ermöglichte, während der Fahrt, ohne die Hände vom Lenkrad zu nehmen, seine WhatsApp-Nachrichten vorgelesen zu bekommen und diese über Sprache zu beantworten. Der Assistent sollte auch navigieren und Musiktitel suchen und selbstständig Telefonate aufsetzen oder beenden. Das alles nur über Sprache und gesprochene Dialoge. In einigen Oberklassefahrzeugen gab es so einen Assistenten bereits, aber wir wollten ihn in jedes Fahrzeug bringen – egal wie alt das Auto war.

Dafür hatten wir wahrscheinlich das komplexeste Produkt entwickelt, das man sich vorstellen kann. Wir hatten ein Gerät entwickelt, das man sich im Auto installieren konnte – ein bildschönes Gerät, das sogar Designpreise gewonnen hat. Wir haben eine eigene Sprach-Software entwickelt, mit deren Hilfe das Gerät verschiedene Sprachen verstehen und auch sprechen konnte: Deutsch und Englisch. Und wir hatten über zwei Jahre eine eigene Marke für das Produkt entwickelt und angefangen zu etablieren.

So etwas zu entwickeln ist teuer, sehr teuer. Weil es oft schwierig ist, für sehr aufwendige Produkte das Vertrauen von Investor:innen zu gewinnen, hatten wir uns damals entschieden, zunächst auf einer Crowdfunding-Plattform Geld einzusammeln. Crowdfunding funktioniert so, dass man nicht von ein paar Investor:innen große Beträge einsammelt, sondern von sehr vielen Investor:innen kleine Beträge.

Um unser Produkt, das wir erst noch bauen mussten, damals bekannt zu machen, hatten wir ein Video entwickelt, in dem die Funktionen des späteren Gerätes dargestellt wurden. Wir hatten einen Schauspieler engagiert und eine professionelle Videoproduktionsfirma. Das Video arbeitete mit echten Entwürfen des Gerätes, aber die Sprachfunktionen waren später in das Video eingefügt worden.

Auf Plattformen wie der, die wir genutzt haben, war das ganz normal und das wurde auch im Video klar. Unsere Kampagne war sehr erfolgreich und in nicht einmal 10 Tagen hatten wir 250.000 Euro von mehreren Tausend Unterstützern eingesammelt. Das Geld war nur die Basis, mit der wir anfangen konnten zu arbeiten, später kamen noch professionelle Investor:innen dazu.

Die Komplexität des Produktes war hoch und führte dazu, dass wir fast ein Jahr länger brauchten als geplant. Bei der Produkteinführung hatten wir alle Funktionen verwirklicht, die wir zu Beginn auch angekündigt hatten. Aber das Produkt war nicht perfekt und ab und zu funktionierte das ein oder andere nicht so wie gewünscht. Aber wir hatten es geschafft und eine der ersten Gruppen, die das Produkt erhielten, waren unsere Unterstützer aus der Crowdfunding-Kampagne.

Man muss dazu sagen, dass viele Produkte, die über Crowdfunding finanziert werden, gar nicht realisiert werden. Dementsprechend waren wir sehr stolz, dass wir das Gerät – zwar mit Verspätung – ausliefern konnten. Es folgte ein monatelanger, nervenaufreibender Kommunikationsaufwand – hauptsächlich für das Marketingteam – um die Community der Unterstützer:innen zu managen.

Viele waren zufrieden und haben uns mit Lob überschüttet. Es wurde immer darauf hingewiesen, dass sich die Kinderkrankheiten sicher noch verbessern werden. Aber es gab auch zahlreiche sehr unzufriedene Nutzer:innen, die sich immer wieder auf das Video von vor zwei Jahren bezogen und uns vorwarfen, wir hätten hier mit falschen Versprechungen geworben. Selbst als wir ihnen anboten, das Geld zurückzuzahlen, haben einige keine Ruhe gegeben und auf sämtlichen Kanälen gegen uns und das Produkt geschimpft.

Wir waren davon ausgegangen, dass die Zielgruppe auf dem Portal verstehen würde, dass das Produkt noch gar nicht existierte und dass bestimmte Funktionen in der im Video gezeigten Perfektion nicht realistisch seien. Aber da hatten wir uns getäuscht.

In jeder Phase ist Kommunikation ein wesentlicher Bestandteil beim Aufbau eines Start-ups. In Zeiten von Social Media und der Omnipräsenz von Informationen in Echtzeit kann es innerhalb kürzester Zeit passieren, dass die Kommunikation mit Kund:innen zur Krise wird.

Spätestens seit Elon Musk ist das auch dem Letzten bewusst:

## »Tech-Founders are the new Rockstars!«

»Über 80 Millionen Follower auf Twitter, Twitter für 44 Milliarden gekauft« auf allen Titelseiten dieser Welt, er fährt am schnellsten und fliegt am höchsten. Auftritte von ihm bei der Eröffnung seiner Fabriken oder bei der Ankündigung von neuen Produkten sind inzwischen nahezu religiöse Veranstaltungen, wie sie ein Steve Jobs zu seinen besten Zeiten nicht erlebt hat. Diesem Vorbild streben in der Tat viele Gründer:innen nach und wollen neben »reich «, mit ihrem Start-up auch »berühmt wie Elon« werden.

Nebenbei ist es für eine Firma, die noch unbekannt ist und groß werden möchte, was im Fall von Start-ups die Regel sein dürfte, unerlässlich, auf dem Radar verschiedener Interessengruppen zu erscheinen. Das sind Investor:innen, Journalist:innen, Meinungsmacher:innen oder Konkurrent:innen. Im Falle eines B2C-Start-ups gehört dazu auch eine zukünftige Käufer:innenschaft. Im Falle eines B2B-Start-ups geht es darum, spezifische Ansprechpartner:innen im Unternehmen zu erreichen, die sich für die Thematik des Start-ups interessieren und entsprechend Kund:innen werden könnten.

Kommunikation ist also ein Teil des Start-up-Alltags und um das Thema herum hat sich eine ganze Industrie an Dienstleistern gebildet: PR-Agenturen, PR-Berater:innen, Marketing-

Agenturen, Presse-Berater:innen, Media-Trainer:innen, Pitch-Trainer:innen und so weiter. Was viele Gründer:innen, die das erste Mal in dieser Rolle sind, dabei unterschätzen, zumal wenn sie vorher keine Erfahrungen mit dem Thema Öffentlichkeit und Presse gesammelt haben, ist, dass Kommunikation immer zwei Seiten hat. Viele mit dem Thema Presse und Öffentlichkeit unerfahrene Gründer:innen unterschätzen, vor allem wenn sie das erste Mal in dieser Rolle sind, dass Kommunikation immer zwei Seiten hat.

> **»Über die Bild-Zeitung wurde mal gesagt, wer mit der Bild-Zeitung im Fahrstuhl nach oben fährt, fährt mit ihr auch wieder runter.«**

Das beschreibt die Tatsache hervorragend. Im übertragenen Sinne heißt das, eine öffentliche Meinung, die ein Start-up in guten Zeiten sehr schnell bekannt gemacht und die Popularität gefördert hat, kann das gleiche Start-up inzwischen innerhalb weniger Minuten ins Verderben stürzen.

Als Stichwort sei hier nur der inzwischen bekannte *Shitstorm* genannt, den jede:r in der einen oder anderen Form – hoffentlich noch nicht bei sich selbst – schon mal miterlebt hat. Jeder kennt die Fälle, in denen man durch einen Tweet oder einen Post von einer Sache mitbekommt, innerhalb einer Stunde verbreitet sich das Thema wie ein Lauffeuer und nur einen halben Tag später ist es schon in den Headlines sämtlicher Blogs und in den Nachrichten. Das wäre früher so nicht möglich gewesen, einfach aufgrund der mangelnden Verfügbarkeit von Kommunikationskanälen. Heute ist es so, dass ein Elon Musk mit einem Tweet innerhalb des Bruchteils einer Sekunde 80 Millionen Menschen erreichen kann. Wenn man sich klarmacht, dass das jede:r Einwohner:in der Bundesrepublik Deutschland ist, ist das schon ein erhebliches Potenzial.

> **»Gründer:innen unterschätzen dabei oft, dass sich das Blatt auch wenden kann.«**

Und das oft aus Gründen, die sie gar nicht selbst zu verantworten haben oder die außerhalb ihrer Kontrolle liegen. Es gibt auch immer wieder Fälle von Gründer:innen, die bewusst mit provokantem Verhalten in der Öffentlichkeit auftreten und entsprechend eine schlechte Reputation riskieren möchten. Es gibt sogar Fälle, in denen einige dieses Image genießen oder es selbst als Teil ihrer Kommunikation verstehen. Marketing-Profis werden bestätigen, dass das in der Tat funktionieren kann. Aber es ist eine sehr schmale Gratwanderung zwischen dem Spielen mit einer schlechten Reputation – Stichwort »Bad Boy« – und dem Umschlagen auf das eigene Produkt und die eigene Firma, die dann nicht mehr davon profitiert, sondern im Zweifel in den Strudel der schlechten Kommunikation reingezogen wird.

Ein prominentes Beispiel war ein UBER-Top-Manager, der bei einem Abendessen in New York vor einigen Jahren damit prahlte, dass er von bestimmten VIPs gefahrene UBER-Touren über sein Smartphone abrufen könne und wissen würde, wann sie wie und wohin gefahren sind. Das Ganze wurde von einem anderen Teilnehmer des Abendessens öffentlich gemacht und innerhalb eines Tages war UBER in einer schweren Kommunikationskrise. Es galt dann als ein Unternehmen, das die Daten seiner Kund:innen nicht schützt, sogar schlimmer, mit diesen leichtfertig umgeht. In Zeiten, in denen trotz der großen Freizügigkeit auf Social Media persönliche Daten als das höchste zu schützende Gut gelten, ist das praktisch das Todesurteil für ein digitales Unternehmen. Solche Fälle sind aber Ausnahmen. Es ist eher die Regel, dass Kommunikation unbeabsichtigt in die falsche Richtung umschlägt.

In Zeiten von Bewertungsportalen und Fünf-Sterne-Ratings, die man auf alles und jedes Produkt inzwischen abgeben kann, ist es vollkommen realistisch, dass ein Service innerhalb kürzester Zeit und ohne ersichtlichen Grund in Erklärungsnot gerät. Ausgelöst davon, dass er bei einer bestimmten Gruppe plötzlich in Missgunst geraten ist. Da reicht oft schon ein einziger unzufriedener Nutzer, der einen schlechten Tag erwischt hat oder nicht so behandelt wurde, wie er sich das erwartet hätte.

Es muss nur eine Person auf einem entsprechenden Forum böswillig gegen eine Marke, eine Firma oder deren Produkt stänkern, mit der Folge, dass andere darauf anspringen. Oftmals passiert das, ohne dass die, die sich beschweren, das Produkt überhaupt selbst genutzt haben. Sowas passiert jeden Tag und Firmen haben gelernt, damit umzugehen. Wenn sie das noch nicht wissen, werden sie den Effekt spüren.

> **»Eine unzufriedene Kritik auf TripAdvisor oder ein unzufriedener Kommentar auf Kickstarter haben schon dazu geführt, dass Restaurants oder Kickstarter-Projekte massive wirtschaftliche Einbußen hinnehmen mussten.«**

Deswegen gehört es inzwischen zum Standard eines jeden Start-ups, auf allen Kommunikationskanälen, die für die eigene Firma infrage kommen, aktiv zu sein. Damit sorgt man dafür, auf unerwartete Posts reagieren zu können. Im Zweifel muss man auch bereit sein, sich rechtliche Schritte vorzubehalten. Auch im Internet gelten Regeln und Gesetze. Das heißt, wenn verleumdet oder beleidigt wird, kann man rechtlich tätig werden. In der Regel ist das aber nicht der Fall, weil es sich um freie Meinungsäußerung handelt. Eine freie Meinungsäußerung, bei der das Produkt oder Unternehmen in Ungnade gefallen ist, muss sich aber nicht mit dem decken, was Gründer:innen über ihr Produkt in der Öffentlichkeit lesen wollen.

Wie bereits erwähnt, hat Kommunikation immer zwei Seiten. Auf der einen Seite die gesteuerte Kommunikation, die man einsetzen möchte, um mit PR und Marketing die eigene Firma, das eigene Produkt und gegebenenfalls auch sich selbst in der Öffentlichkeit bekannt zu machen. Auf der anderen Seite *die* Kommunikation, die man nicht steuern kann, die auf Unternehmer:innen einwirkt und der man ausgeliefert ist. Bei der gescheiterten Kommunikation gibt es ein paar Regeln zu beachten, die wir uns im Folgenden mal anschauen wollen.

Ohne hier einen umfassenden Kommunikationsleitfaden aufstellen oder als PR-Berater auftreten zu wollen, gilt ein ganz einfacher Satz immer als gute Faustregel: Weniger ist mehr.

**»Wenn ich nichts zu erzählen habe, muss ich nichts kommunizieren.«**

Viele Start-ups haben das Gefühl, dass eine Pressemitteilung äquivalent zu einer Werbekampagne ist, und machen den Fehler, mit banalsten Geschichten, die es nicht wert sind, erzählt zu werden, Presseleute oder Organe zu behelligen und wundern sich dann, dass nichts passiert. Gute Kommunikation heißt Geschichten erzählen und wenn diese Geschichte aus Sicht der

Journalist:in keine gute ist, dann wird sie diese nicht erzählen wollen. Egal wie nett man sein Anschreiben formuliert.

Ein gleichermaßen hilfreicher wie kurzweiliger Leitfaden ist der Artikel von *Mike Butcher*. Er gilt als einer der einflussreichsten Tech-Journalisten in Europa in den letzten Jahren. Mike schreibt: »Die Menschen vergessen manchmal, was das Wort *Nachrichten* überhaupt bedeutet. Nachrichten sind etwas Neues. Aber noch wichtiger ist, dass es sich um etwas handelt, das gerade relevant ist. Also fragt Euch selbst: Seid Ihr im Kontext Eures Ökosystems und in der Welt von Bedeutung? Und was macht Euch wichtig? Topjournalisten konzentrieren sich darauf, was jetzt angesagt ist und wohin sich die Dinge entwickeln. Das ist wichtig, um Eure Rolle in den Nachrichten von heute richtig einzuschätzen. Klar habt Ihr Geschichten über wichtige Neueinstellungen, neue Kunden und neue Produkte. Doch für uns Journalisten ist das langweilig. (Es sei denn, Ihr habt Beyoncé in Euren Vorstand berufen.)« [Übersetzt aus dem Englischen Originaltext, Abdruck mit Erlaubnis des Autors]

Der gesamte Artikel ist hier zu finden:

Soziale Kanäle wie LinkedIn, Twitter, Instagram und Ähnliche sind etwas anderes. Diese kann man selbst bespielen – und das sollte man auch tun! Denn es ist ein sinnvolles Mittel für ein Start-up, um mit wenig Geld Aufmerksamkeit zu bekommen. Aber auch hier ist es wichtig, es richtig zu machen!

Wenn es um das Rockstar-Phänomen geht, kann ich nur empfehlen, sehr vorsichtig zu sein und sich dafür vor allem Zeit zu nehmen. Es kann sein, dass ein Start-up aus dem Nichts heraus von einem bekannten Unternehmen übernommen wird. Wenn Google, Mercedes oder Amazon ein Start-up kaufen, dann wird es dermaßen das Interesse in der Öffentlichkeit wecken, dass sich die Gründer:innen dieses Unternehmens keine Sorgen mehr machen müssen, große Popularität in der Start-up-Szene und darüber hinaus zu erreichen. Andersrum ist es aber so, dass man sich schon auch mit einer gewissen Demut klarmachen muss, dass es viele andere gibt, die in diesem Teich fischen und entsprechend die Aufmerksamkeit, die man für sich gewinnen will, immer ein Teil der Gesamtaufmerksamkeit der Öffentlichkeit ist.

> **»Das heißt, ich muss mir überlegen, als was ich in der Öffentlichkeit gelten will, was letztendlich mein Status und meine Story sind und wie ich das nach außen kommunizieren möchte.«**

Der Aufbau einer Reputation und eines Status als Gründer:in hat immer auch etwas mit Zeit zu tun. Und es ist auch von Themen abhängig. Mein Rat hier ist, sich wirklich ein Thema rauszusuchen, dass einem am Herzen liegt, zu dem man auch was sagen kann. Das sollte auch ein Thema sein, das in der Öffentlichkeit präsent ist. Um dieses Thema herum kann man sich als Experte und als Meinungsmacher:in positionieren und etablieren. Das ist nicht immer ganz einfach und dauert wie gesagt, weil man beispielsweise zunächst einige Monate investieren muss, um in regelmäßigen Abständen entsprechende Artikel auf LinkedIn zu posten oder sich anderweitig online/öffentlich zu positionieren. Es geht darum, eine Followerschaft aufzubauen. Auch das passiert nicht von allein. Sowas ist mit Aufwand und Zeit verbunden. Gerade in der frühen Phase eines Start-ups wird man wenig bis keine Unterstützung haben. Entsprechend bleibt es dann an einem selbst hängen und die Zeit, die man hierfür investiert, braucht man gegebenenfalls zunächst mal dafür, um die Firma aufzubauen.

Um Kommunikation in diesem Sinne zu instrumentalisieren, gibt es zahlreiche Formen der Unterstützung. Es gibt Profis, die einem helfen, Pressemitteilungen zu formulieren, die Zugang zu entsprechenden Verteilerlisten haben und damit wissen, wie man an Journalist:innen ran kommt, von denen man möchte, dass sie über einen schreiben. Es ist nicht trivial, Aufmerksamkeit zu erhalten. Allerdings muss man aufpassen, dass man nicht die Katze im Sack kauft. Viele PR-Profis und Agenturen werden mit besten Kontakten werben und viele Beispiele anführen können, bei denen es ihnen gelungen ist, einen Artikel auf *TechCrunch* oder in einem anderen wichtigen Medium zu platzieren. Garantien kann hier aber keiner geben. Außerdem kann es schnell sehr teuer werden, wenn man nicht genau darauf achtet, was man möchte und was man bereit ist aufzuwenden. Es gibt PR- Agenturen, die gerne einen monatlichen Retainer (festes monatliches Honorar) vereinbaren. Auch wenn es nur ein paar Tausend Euro im Monat sind, kann sich das sehr schnell summieren.

Je nachdem, wie viel Vorbildung man selbst hat oder inwieweit man bereits vorher mit Presse und Medien zu tun hatte, kann es sich anbieten, weitere Experten hinzuzuziehen. Beispielsweise kann ein Media-Training sehr wertvoll sein. Hier lernt man, wie man mit Journalist:innen und Blogger:innen spricht, was man wie in der Öffentlichkeit sagt und was lieber nicht. Mit ein wenig Recherche wird man gute Anbieter und Angebote entdecken.

Wichtig ist bei der Kommunikation generell zu verstehen, dass es hier nicht um Marketing geht. Kommunikation im Sinne von PR (Public Relations) meint den Austausch von Unternehmen, Politik und anderen Organisationen mit der Öffentlichkeit und kann immer nur ein Teil der Öffentlichkeitsarbeit sein.

Sie kann nicht dafür genutzt werden, ein Produkt damit zu bewerben, oder eine Firma als Marke in der Öffentlichkeit zu repräsentieren. Die Gratwanderung besteht aber eben genau dort, wo die Kommunikation überreizt wird. Das kann auch bei dem eigenen Produkt sein, indem man zu viel verspricht oder den Anschein erweckt, dass ein Produkt Dinge leisten kann, die es wahrscheinlich nicht in dem suggerierten Umfang leisten wird.

Im Falle der Kommunikation über die Gründer:innen muss man sehr genau darauf achten, wie man sich in der Öffentlichkeit selbst präsentiert.

> **»Die Welt ist voll von Bewunderern,
> aber auch von Neidern.«**

Man kann sich leider nicht aussuchen, wie Menschen reagieren und was letztendlich dann der Auslöser ist, dass die Stimmung umschlägt und man sich in dem »perfect (shit)storm« wiederfindet. Es wird zwar wahrscheinlich der oder dem durchschnittlichen Gründer:in nicht passieren, dass irgendwelche Ex-Beziehungen kompromittierende Videos posten, weil das im Zweifel niemanden interessiert, aber auch das sind Elemente, die man bedenken muss.

Neben der eigenen Reputation oder der des eigenen Produktes kann auch das Start-up selbst betroffen sein kann. Es herrscht gerade im Start-up-Bereich ein unglaublicher »War-of-Talent« und dieser wird mit brutalen Waffen ausgeführt. Für eine Firma heißt das nicht nur, dass man gute Gehälter zahlen muss und individuelle Zusatzanreize (Perks) bieten muss. Fast genauso wichtig ist die Reputation der Firma als Arbeitgeber. Über die letzten Jahre sind sehr einflussreiche Arbeitgeberbewertungsportale entstanden, in denen Mitarbeiter über ihre Erfahrungen in der eigenen oder ehemaligen Firma schreiben. Diese funktionieren genauso wie Hotel- oder Filmbewertungsportale. Sie sind für alle zugänglich und transparent. In einer hoch kompetitiven Umgebung, wo es um die besten Entwickler:innen und um die besten Fachkräfte geht, ist jedes Unternehmen zwingend darauf angewiesen, nach außen auch als ein attraktiver Arbeitgeber zu gelten. Hier kann es ebenso passieren, dass ein frustrierter Mitarbeiter oder eine Mitarbeiterin eine Kritik hinterlässt, die sehr subjektiv verfasst wurde und darauf ausgerichtet ist, den eigenen Frust zum Ausdruck zu bringen. Egal ob es die Realität abbildet oder nicht, es wird für die Firma schwieriger werden, neue Mitarbeiter zu werben. Im schlimmsten

Fall kann es auch dazu führen, dass andere Mitarbeiter:innen sich motiviert fühlen, sich auch negativ zu äußern. Das soll nicht den Nutzen von Bewertungsportalen infrage stellen. Dennoch muss man sich als Gründer:in dieser Gefahr bewusst sein.

Was macht man aber nun, sollte man selbst als Gründer:in, das Produkt, oder eben die Firma plötzlich in der Schusslinie stehen? Zunächst mal ist es wichtig, diesen Fall unter allen Umständen zu verhindern. Wie man das macht, haben wir in diesem Kapitel besprochen: Mit entsprechender Sensibilität die eigene Kommunikationsstrategie und den Auftritt nach außen so gestalten, dass man gar keine Anlässe für schlechte Nachrichten liefert. Man kann aber eben auch unverschuldet in eine solche Situation kommen. Wichtig ist hierbei, dass man in Echtzeit reagiert. Hier kann zum Beispiel ein Google-Suchmaschinen-Alert auf den eigenen Namen oder das eigene Produkt helfen. So bekommt man immer sehr schnell mitgeteilt, sollte irgendwo auf den von Google überwachten Internetseiten etwas über das eigene Start-up erscheinen. Natürlich überprüft man seine sozialen Kanäle wie Twitter und Instagram und managt diese proaktiv. Sollte sich jemand negativ äußern, wird man Stellung dazu nehmen und so aktiv versuchen, dem Ganzen den Wind aus den Segeln zu nehmen. Beschwert sich zum Beispiel jemand über eine nicht vorhandene Funktion, wird man sich für den Input bedanken und versichern, den Vorschlag mit in die Produkt-Roadmap aufzunehmen.

Was aber, wenn die Kommunikation zu entgleiten droht? Auch hier gibt es Expert:innen, die Erfahrung in Krisenkommunikation haben. Allerdings scheint diese Methode gerade für Start-ups in der frühen Phase eher aufwendig zu sein, denn solche Profis kosten Geld. Es kann sinnvoll sein, dieses Geld zu investieren, weil die Kollateralschäden ansonsten um ein Vielfaches höher wären.

> **»Es kann aber auch schon helfen, dass man auf eine solche Kommunikationskrise mit Rückzug reagiert, indem man zunächst gar nicht mehr kommuniziert.«**

Zunächst sollte man versuchen, schlechte Reputationen zu verhindern. Sollte sich aber ein:e Kund:in oder ein:e Nutzer:in darauf versteifen, weiterhin negative Kommentare zu verfassen, kann man versuchen, für eine Weile die Füße stillzuhalten. Manche Themen werden sich von selbst erledigen und totlaufen. Das ist kein Allheilmittel, hat sich aber in der Vergangenheit immer wieder bei den verschiedensten Themen und Unternehmen bewährt.

Zusammenfassend heißt das:

- Beim Aufbau eines Start-ups ist Kommunikation in jeder Phase ein wesentlicher Bestandteil.

- Kommunikation hat immer zwei Seiten – die schlechte kommt manchmal sehr unerwartet.

- Zum Aufbau der eigenen Reputation braucht man Zeit, die man sich nehmen sollte.

- Man sollte es sich zur Routine machen, Social-Media-Kanäle zu scannen. Ein Google-Alert kann ein einfaches Hilfsmittel sein.

- Auf schlechte Kritiken muss man proaktiv reagieren; wenn es sich zum Shitstorm auswächst, ist Rückzug manchmal die beste Art der Verteidigung.

Abschließend noch ein Beispiel aus der jüngeren Vergangenheit, das zwar nicht aus dem Start-up-Umfeld stammt, aber kraft des Momentums und Umfangs sehr spannend ist. Der Diesel-Skandal von Volkswagen. Für Jahre war VW das Vorzeige-Automobilunternehmen mit soliden Fahrzeugen, effizienten Motoren und Top-Bewertungen bei Kund:innen. Mit dem Betrug um manipulierte Abgaswerte im Dieselmotor hat sich das Weltunternehmen komplett um Kopf und Kragen gebracht. Im September 2015 brach die Krise über den Konzern aus Wolfsburg herein. Die Gerichtsprozesse sind noch nicht abgeschlossen, über Jahre gab es nur vernichtende Presse über das Unternehmen und seine Mitarbeiter:innen. Heute ist Volkswagen aber bekannt dafür, dass sie neben Tesla als der Vorreiter in der Elektromobilität gelten und damit für eine saubere und mobile Zukunft. Der Schlüssel zu diesem Erfolg war der radikale Schwenk auf die neue Technologie und das konsequente Reden darüber. Es zeigt sich also, dass auch eine scheinbar komplett zerstörte Reputation wiederhergestellt werden kann.

Das alles kann erreicht werden, indem man die Dinge richtig angeht und Verantwortung auf sich nimmt. Es wird Kraft kosten und es wird Geld kosten, weil man um Krisen zu überwinden oft Expert:innen braucht, Anwälte bezahlen muss und so weiter. Aber was ist, wenn das Geld selbst zum Problem und zur Krise wird? Was ist, wenn ein Start-up droht, insolvent zu werden? Das kommende Kapitel untersucht genau das.

# Gründer-Storys

»Mit Krisen sollte man jederzeit rechnen. Das Leben ist ein wildes Auf und Ab, und in den seltensten Fällen eine lineare Linie, die stetig nach oben geht. Genau wie im privaten Leben, so auch im Geschäftlichen. Man sollte also stets darauf vorbereitet sein, dass es mal weniger gut läuft. Mit diesem Mindset lassen sich Krisen auch früher erkennen. Seien es interne Krisen wie Probleme mit der Firmenkultur, bei der Produktentwicklung oder aufkommende Kundenunzufriedenheiten. Gleiches gilt für makroökonomische Krisen wie Pandemien oder wirtschaftliche Abwärtstrends. Wer mit offenen Augen und Ohren durch die Welt geht und sich permanent aktiv um das Feedback von Mitarbeiter:innen und Kund:innen bemüht, schult sein Bauchgefühl für das Erkennen von Krisen. Je jünger die Firma, desto existenzieller können Krisen sein, und umso wichtiger ist es bei Start-ups, jederzeit darauf vorbereitet zu sein. Daher: Auch wenn das Tagesgeschäft noch so hektisch ist, gute Feedback-Mechanismen einzubauen, ist von Beginn an ein Muss.«

Peggy Reichelt, XbyX – Women in Balance

»Mache reagieren gar nicht, zu spät oder improvisieren, statt einem abgestimmten Krisenplan zu folgen. Wenn eine Krise ausbricht, muss ich die ersten 60 Minuten – die *Golden Hour* – nutzen, um das Narrativ zu beeinflussen. Sonst füllen andere das Informationsvakuum und ich stehe nicht als Held oder Opfer, sondern als der Böse da. Zweitens muss ich mit meiner Reaktion zeigen, dass ich die Situation ernst nehme, mich um die Betroffenen kümmere und dafür sorgen werde, dass es nicht wieder passiert. Wenn ich versuche, das Problem kleinzureden oder die Verantwortung von mir zu weisen, geht es meist nach hinten los.«

OLIVER AUST, EO IPSO COMMUNICATIONS

## KAPITEL 7

# Die Nahtoderfahrung

*»Geld ist nicht alles, aber es steht deutlich*
*vor dem, was an zweiter Stelle folgt.«*

EDMUND STOCKDALE

Jeremy war nicht Gründer der Firma, sondern vor einigen Jahren als Geschäftsführer von den Gesellschaftern eingesetzt worden. Das Gaming-Start-up war nach schnellen Erfolgen in den ersten Jahren heftig in den Umsätzen eingebrochen und er sollte die Firma neu aufstellen. Die Gründer waren im Rahmen des Umbaus aus der Geschäftsführung ausgeschieden. Es war Jeremys Plan, mit einer neuen Generation an Spielen die Firma wieder auf den Wachstumspfad zu bringen. Obwohl es Umsätze gab, reichten diese bei Weitem nicht aus, um den Umbau der Firma zu finanzieren. Die Investor:innen hatten aber in den letzten Jahren immer wieder Geld in die Firma gesteckt, weil sie an Jeremys Strategie glaubten. Obwohl die Firma weiterhin immer wieder Rückschläge erlitt, waren sich alle einig, dass man die Strategie fortsetzen wolle.

Dann brauchte die Firma mal wieder eine neue Finanzierung. Jeremy hatte die Zahlen gut im Blick und seine Vorhersagen waren sehr genau, weshalb es in den letzten Monaten keine Überraschungen für ihn und die Gesellschafter gegeben hatte. Die Firma vertrieb ihre Spiele über verschiedene Kanäle, aber besonders erfolgreich über ein Portal, fast 100 Prozent der Umsätze wurden über dieses Portal generiert. Die E-Mail kam an einem Samstagnachmittag. Aus strategischen Gründen hatten die Portalbetreiber beschlossen, Spiele in der Art, wie Jeremy sie produzierte, mit sofortiger Wirkung nicht mehr zu verkaufen. Mit einer Frist von sieben Tagen wurde der Vertrag gekündigt. Die Umsätze brachen sofort ein, sodass eine Brückenfinanzierung aufgesetzt werden musste. Parallel hatte Jeremy noch am gleichen Wochenende alles eingeleitet, um die Kosten runterzufahren. Am Montag wurde den Mitarbeiter:innen die Situation vorgestellt und man einigte sich darauf, dass alle zunächst für zwei Monate auf 20 Prozent des Gehaltes verzichten würden. Das würde Jeremy genügend Zeit geben, eine Brückenfinanzierung mit den Investor:innen aufzusetzen. Da diese in der Vergangenheit schon häufig genehmigt wurde, machte er sich keine Sorgen, dass das alles zeitmäßig gut hinhauen würde. Doch dann verweigerte einer der ehemaligen Gründer, der noch Gesellschafter war, seine Unterschrift, die gebraucht wurde, um die Finanzierungsrunde umzusetzen. Trotz tagelanger Diskussionen konnte man sich nicht auf einen Kompromiss einigen. Nebenbei lief die Zeit davon. Alle Investor:innen waren bereit zu helfen, aber die Runde konnte nicht realisiert werden. Der ehemalige Gründer wollte aus der Situation für sich selbst Profit schlagen. Er war noch Gesellschafter und drohte damit, die

Verträge nicht zu unterschreiben, wenn er nicht dafür eine Aus-
gleichszahlung erhielte. Die Investor:innen wurden nervös, weil
ihnen klar wurde, dass sie dieses Verhalten in jeder kommenden
Finanzierung und auch bei einem Exit in eine sehr schwierige
Lage bringen würde. Als Konsequenz zogen sie letztlich ihr Fi-
nanzierungsangebot zurück. Wenige Tage später musste Jeremy
mit der Firma Insolvenz anmelden.

Es gibt eine ganz einfache Weisheit beim Aufbau eines Unternehmens:

**»Ohne Geld läuft nichts.«**

Das heißt, sobald kein Geld mehr auf dem Konto ist, ist das
Unternehmen pleite. Solange Liquidität nicht durch Umsätze
gesichert ist, muss sie von außen zugeführt werden. Das geschieht bei Start-ups in der Regel durch Investor:innen oder
durch Darlehen. Hierbei ergibt sich oft die Herausforderung,
dass in einer noch nicht abgeschlossenen Finanzierungsrunde
die Kosten für Mitarbeiter:innen, Miete, Produktentwicklung
und Vertrieb trotzdem weiter laufen. Das kann schnell zu einer
existenzbedrohenden Situation führen, denn ohne Liquidität
ist kein Unternehmen lebensfähig.

In den frühen Phasen kann jedes Start-up mit relativ wenig
Geld auskommen. Aber schon, wenn die notarielle Anmeldung
der GmbH läuft, wenn also ein:e Notar:in, ein Anwalt oder eine
Anwältin bezahlt werden muss, treten die ersten Kosten auf. Bis
auf ganz wenige Ausnahmen – und die gibt es – macht ein Start-
up in der Regel keine Umsätze von Anfang an. Das bedeutet,
dass die entsprechende Liquidität von anderer Seite kommen
muss. Risikokapitalinvestor:innen sind darauf spezialisiert, Unternehmen liquide Mittel vorzustrecken, die diese noch nicht

aus eigener Kraft erwirtschaften können. Sie hoffen dabei darauf, diesen Einsatz um ein Vielfaches – durch den erfolgreichen Verkauf des Start-ups einige Jahre später – zurückzuerhalten.

Eine gewisse Abhängigkeit von Investor:innen liegt in der Natur der Sache, ist aber von beiden Seiten bewusst gewollt und beruht auf Gegenseitigkeit: Gründer:innen sind auf das Kapital der Investor:innen angewiesen und diese umgekehrt auf das unternehmerische Geschick der Gründer:innen. Allerdings muss man sich von Beginn an klarmachen, dass ein Startup diese Unterstützung kontinuierlich braucht und dabei sind Gesellschafter:innen, die über liquide Mittel verfügen, etwas sehr Wertvolles. Diese haben einen sehr viel schnelleren Zugriff auf frisches Geld aus den ihnen zur Verfügung stehenden Funds. Liquiditätsengpässe führen in der Regel zur Zahlungsunfähigkeit des Unternehmens und damit zur Insolvenz, wenn sie nicht in einer überschaubaren Zeit überbrückt werden.

> **»Dementsprechend ist es für Gründer:innen eine fast imperative Aufgabe, die Sicherstellung der Liquidität dauerhaft im Blick zu haben.«**

Bei etablierten Unternehmen wird sowas von einer Finanz- und Controlling-Abteilung überwacht. Im Start-up – zumindest in der frühen Phase – fällt auch das in den Aufgabenbereich der Gründer:innen. Die besondere Herausforderung dabei ist es, die Dynamik zwischen vorhandener Liquidität auf dem Konto und laufenden Kosten zu kontrollieren, und diese mit möglichen Geldzuflüssen in Form von Umsätzen, ausstehenden Forderungen und Auszahlungstranchen aus Finanzierungsrunden in Verbindung zu setzen. Was Gründer:innen oftmals unterschätzen, ist die zeitliche Dimension, die hierbei zu erheblichen

Störungen im betrieblichen Ablauf führen kann. In vielen Fällen hat man darauf keinen Einfluss.

Das beginnt schon mit der Investor:innen-Suche, die sehr aufwendig sein und sich auch mal über ein ganzes Jahr hinziehen kann. Auch das Aufsetzen und Erstellen von Verträgen und sonstigen Unterlagen für eine Finanzierungsrunde bedeutet oft viele Wochen Aufwand. Diese müssen von allen Gesellschafter:innen gelesen und geprüft werden, dann müssen sie auch noch notarisiert werden und am Ende muss eine Kapitalerhöhung im Handelsregister eingetragen werden, weil das die Voraussetzung ist, damit Investor:innen in die Kapitalrücklage einzahlen können. Das sind Wochen, in denen Kosten weiterlaufen und Gehälter bezahlt werden müssen.

> **»Es ist existenziell wichtig, von Anfang an auf diese zeitliche Dimension sehr viel Wert zu legen und sie immer im Blick zu haben.«**

Liquiditätskontrolle und Planung gehören damit auch zu einer der wichtigsten Aufgaben, die im Gründer:innen-Team klar verteilt und zugewiesen sein müssen. Ich habe häufig gesehen, dass dieses Thema bei Start-ups ungenügend besprochen wird, was dann durchaus dazu führen kann, dass man davon ausgeht, es werde sich schon jemand anderes drum kümmern. Das Erwachen kommt dann manchmal zu spät.

Dabei kommt der Organisation und dem Management der zeitlichen Aspekte eine besondere Rolle zu. Die besondere Herausforderung ist hierbei nicht oder kaum kontrollierbare Mittelabflüsse. Das sind Zahlungen, wie Sozialabgaben, Einkommensteuer, und alle Zahlungsverpflichtungen, die automatisch eingezogen werden, ohne dass man in irgendeiner Art und

Weise darauf Einfluss hat. Gehälter sind oft bei jungen Start-ups die größte Einzelposition, welche die Liquidität als solches gefährden können. Diesem automatischen Geldabfluss steht erschwerend entgegen, dass neues Geld Zeit braucht, bis es auf dem Konto ist.

> **»Das, was dieses Spannungsverhältnis vor allem bestimmt, ist die Insolvenzmeldepflicht, die alle Unternehmer:innen betrifft.«**

Sollten die Voraussetzungen einer Insolvenz gegeben sein, kann man sich dem als Unternehmer:in nicht widersetzen und muss Insolvenz anmelden.

Das kann bedeuten, dass ein Start-up sich in einem erfolgversprechenden Finanzierungsprozess befindet und bereits eine Finanzierungszusage in Form eines Term-Sheets hat, oder vielleicht sogar Verträge fast fertig verhandelt hat, und dennoch gezwungen ist, Insolvenz anzumelden. Problematisch ist hierbei, dass sobald eine Insolvenz angemeldet wurde, eine Kettenreaktion stattfindet, bei der die Gründer:innen die Kontrolle über das eigene Unternehmen abgeben müssen. Es gibt auch eine Insolvenz in »Eigenverwaltung«, die helfen kann, nach einer nicht zu klärenden Situation die Grundlage für einen Neuanfang zu setzen, aber generell sollte die Insolvenz unter allen Umständen vermieden werden.

Es gibt verschiedene Möglichkeiten, die Zahlungsunfähigkeit oder Überschuldung zu verhindern, wenn der Abschluss einer neuen Finanzierungsrunde sich noch hinzieht und sich Umsätze auf der anderen Seite nicht kurzfristig anziehen lassen. Das heißt in erster Linie: Kosten sparen. Das haben wir aus verschiedensten Perspektiven schon beleuchtet.

> **»Die Kostenkontrolle ist eines der ganz wesentlichen Steuerungselemente für jedes Start-up, um am Leben zu bleiben.«**

Kosten runter heißt weniger Ausgaben, weniger Ausgaben bedeutet länger Geld auf dem Konto und damit eine längere Runway zu haben. Runway beschreibt, wie lange ein Start-up noch über liquide Mittel verfügt. Kurzfristige Kosten, die man einsparen kann, sind beispielsweise ein verhandelter Gehaltsverzicht oder eine Reduzierung der Fixkosten (Software-Abos, Büromiete etc.). Das kann schnell einige Wochen über eine schwere Liquiditätslücke hinweghelfen. Dabei ist es aber wichtig, dieses Thema offen und transparent mit Mitarbeiter:innen zu besprechen und klarzumachen, dass es hier nicht zwangsläufig um einen Verzicht geht, sondern eher darum, dass Gehälter oder Anteile von Gehältern verspätet ausgezahlt werden. Ein Gründer:innen-Team muss vorher genau analysieren, ob das eigene Team in der Lage ist, mit einer solchen Situation umzugehen. Ich habe mehrfach die Situation erlebt, dass so etwas gutgeht und es ein Team auch stärken kann. Ohne Zweifel birgt ein solcher Schritt aber auch die Gefahr, dass ein Team nervös wird und es zu unerwünschten Effekten wie Kündigungen kommt.

Es gibt auch andere Möglichkeiten. So kann man beispielsweise Teile des Gehaltes statt in Cash auch als zusätzliche *Unternehmensoptionen* ausgeben. Das hat den Vorteil, dass die Mitarbeiter:innen keinen Verzicht leisten müssen, die Cash-Situation des Unternehmens aber weniger betroffen ist. Diese Möglichkeit kommt insbesondere dann in Betracht, wenn die Mitarbeiter:innen an die Zukunft des Unternehmens glauben und darauf vertrauen, mit den erhaltenen Anteilen in der Zukunft eine sehr viel höhere *Upside* zu erhalten. Weiterhin kann man Kosten kurzfristig durch Verhandlungen mit Dienstleister:innen sparen, indem man längere Zahlungsziele vereinbart. Dabei hat sich oft gezeigt, dass ein einfacher Anruf, mit der Bitte die Rechnung mit einer längeren Zahlungsfrist zahlen zu dürfen, schon ausreichen kann.

Das ist ohnehin ein wichtiger Hinweis für die hier beschriebene Phase: man wird sie umso besser managen können, je mehr man proaktiv und intensiv kommuniziert. In Teilen später ausgezahlte Gehälter, verlängerte Zahlungsfristen bei Dienstleister:innen, und gegebenenfalls eine Vereinbarung mit dem Vermieter oder der Vermieterin, ein oder zwei Monatsmieten – durch die Kaution ja abgesichert – später zahlen zu können, kann schon ausreichen, um den Liquiditätsengpass so lange zu überbrücken, bis neues Geld auf dem Konto ist. Gerade bei Finanzierungsrunden in frühen Phasen ist das ein absolut probates Mittel. Der Ehrlichkeit halber muss man erwähnen, dass die Kostenstrukturen von größeren Start-ups mit sehr viel mehr Mitarbeiter:innen und höheren laufenden Kosten andere Dimensionen haben und es deshalb auch darum geht, andere Umfänge einzusparen, was nicht immer ganz leicht ist.

In diesem Zusammenhang sei auch nochmal gesagt, dass mit dem Insolvenzrecht nicht zu spaßen ist.

**»Viele Gründer:innen unterschätzen das Risiko.«**

Sollten sich Gründer:innen der Insolvenzverschleppung strafbar machen, kann das erhebliche Folgen für die handelnden Personen haben. Hohe Geldstrafen bis hin zur Freiheitsstrafe sind in Extremfällen möglich. Das Problem dabei ist, dass man sich der Insolvenzverschleppung schon strafbar machen kann, ohne dass man sich dessen bewusst ist. Allein dann, wenn Geschäftsführer:innen in der Haftung Zahlungen ausführen, das Start-up im Nachherein aber zu diesem Zeitpunkt bereits insolvent war, laufen sie Gefahr, sich strafbar zu machen. Neben den oben beschriebenen strafrechtlichen Folgen kann der oder die Insolvenzverwalter:in gegebenenfalls sogar in das Privatvermögen pfänden, was erhebliche Konsequenzen für Gründer:innen hat. Deswegen sollte man sich überlegen, ob es sich für die Geschäftsführer:innen lohnen kann, eine Haftpflichtversicherung abzuschließen. Umgangssprachlich heißen diese Konstrukte *D&O-Versicherungen*. Es ist nicht immer ganz einfach für ein Start-up, eine solche Versicherung zu erhalten, und meistens sind sie teuer. Das liegt daran, dass die Haftungssummen schnell sehr hoch werden können. In Großunternehmen sind das mehrere Hundert Millionen Euro. Man kann aber unter Umständen die Versicherung als Privatperson direkt abschließen und sich mit den Gesellschafter:innen einigen, dass man die Kosten vom Unternehmen zurückerstattet bekommt.

Da das Insolvenzrecht sehr komplex ist, kann und soll hier keine umfassende und abschließende Beurteilung stattfinden. Gründer:innen müssen das Thema sehr ernst nehmen, sollte es zu Liquiditätsengpässen kommen, und sich auf jeden Fall umfassende professionelle Beratung holen.

> **»Bevor der oder die Insolvenzverwalter:in
> die Kontrolle übernimmt, sollte man
> sich von Insolvenzberater:innen und
> Anwält:innen dazu beraten lassen.«**

Neben der Kosteneinsparung gibt es weitere Werkzeuge einer Zwischenfinanzierung oder einer Überbrückungsfinanzierung. Allerdings sind die immer in Zusammenarbeit und Absprache mit bestehenden Gesellschafter:innen oder anderen Institutionen zu fällen. Oftmals kann eine einfache Brückenfinanzierung ausreichen, um eine Überschuldung oder Zahlungsunfähigkeit kurzfristig abzuwenden. Die Erfahrung zeigt, dass viele Investor:innen zu solchen Zugeständnissen bereit sind, denn es ist ja auch in ihrem Interesse, dass das Start-up in Kontrolle der Gründer:innen bleibt. Leider glauben einige Investor:innen dass sie eine solche Situation dafür ausnutzen müssen, und fordern besonders scharfe Konditionen für das zur Verfügung gestellte Geld.

Da es Teil des Alltags von institutionellen Investor:innen ist, solche Brückenfinanzierung zu initiieren und zu unterstützen, gibt es hier bewährte Prozesse und Werkzeuge. Das Wandeldarlehen ist eine gängige Methode für Start-ups, ohne große vertragliche Aufwände schnell frisches Kapital ins Unternehmen zu bekommen. Der Vorteil hierbei ist, dass es in der Regel nicht bei einem Notar verhandelt werden muss und keine Übertragung von Anteilen stattfindet. Das spart Geld und vor allem Zeit. Wie in vielen anderen Situationen im Leben muss auch hier manchmal der Druck erst sehr steigen, damit etwas geschieht. Auch bei Finanzierungsrunden wird sich viel Zeit gelassen. Während Gründer:innen auf heißen Kohlen sitzen, weil sie täglich sehen, wie das Geld auf dem Konto schmilzt, mahlen die Mühlen bei manchen Investor:innen sehr langsam.

Es gibt verschiedene Anreize, um Investor:innen zu einer Brückenfinanzierung zu motivieren. Sehr beliebt sind bei Wandeldarlehen besondere Konditionen für die Anteile, die bei der Wandlung des Darlehns ausgegeben werden. Hier gibt es keine festen Sätze, aber in der Regel fragen Investor:innen nach 20 bis 25 Prozent Discount. Das heißt, sollte ein Anteil in der kommenden Runde für 100 Euro ausgegeben werden, zahlen die Investor:innen die zur Brückenfinanzierung beigetragen haben, nur 75 Euro bzw. 80 Euro pro Anteil. Manchmal wird auch nach einer besseren Liquidationspräferenz gefragt. Diese beschreibt einfach erklärt die Reihenfolge, in der Investor:innen im Falle des Verkaufs der Firma ihr Geld zurückerhalten. Dabei würde dann im Falle eines Exits auf den erworbenen Anteil nicht nur der einfache Preis vorrangig zurückgezahlt werden, sondern sogar das Anderthalb- oder Zweifache. Alles, was darüber hinausgeht, ist unüblich und sollte nicht zur Diskussion stehen. In der Realität ist es für Gründern:innen oft nicht einfach, sich gegen solche Forderung auszusprechen, weil die Nerven ohnehin blank liegen.

> **»Es wäre auch wünschenswert, dass Investor:innen und Gründer:innen eine faire Einigung finden.«**

Denn nach erfolgreicher Finanzierung der Firma sollen die Gründer:innen motiviert bleiben, mit dem neuen Geld das Start-up in sichere Fahrwasser zu führen.

Ein in den letzten Jahren auch populäres Mittel der kurzfristigen Liquiditätszufuhr ist die sogenannte Crowdfinanzierung. Das Grundprinzip dabei ist – wie im vorherigen Kapitel schon kurz beschrieben – nicht wenige Investor:innen um viel Geld zu bitten, sondern sehr viele Investor:innen um kleinere Beträge. Bei Plattformen wie *Seedrs* kann man seine Firma und das Produkt vorstellen. Man stellt das Geschäftsmodell und das Budget sowie die Planung für die kommenden Jahre vor. Im

Grunde sind es die gleichen Informationen, die auch von professionellen Investor:innen abgefragt werden. Das Ganze wird unterstützt durch Marketing- und Videomaterial. Es bedarf einiger Vorbereitung, hat aber den Vorteil, dass innerhalb kürzerer Zeit höhere Beträge zusammenkommen können. Das ist je nach Größe und Erfolg der Firma und dem Reifegrad der wichtigsten Kennzahlen durchaus auch in Millionenhöhe möglich. Aber auch ein paar Hunderttausend Euro können schon dazu beitragen, Liquiditätsengpässe zu überbrücken.

Damit können wir zusammenfassend festhalten:

- Für Gründer:innen ist es eine der wichtigsten Aufgaben, die Sicherstellung der Liquidität im Blick zu haben.

- Dabei darf man nicht die zeitliche Dimension aus dem Auge verlieren. Es dauert lange, bis wieder Geld auf dem Konto ist.

- Auf jeden Fall muss man vermeiden, dass die Firma insolvent geht.

- Die Kostenkontrolle ist ein wesentliches Steuerungselement für jedes Start-up, um am Leben zu bleiben – Gehaltsverzicht, längere Zahlungsziele und Verhandlungen mit Dienstleister:innen sind Mittel, die hier helfen können.

Der Blick auf die Liquidität ist unendlich wichtig und existenziell. Es gibt lange Phasen beim Aufbau eines Start-ups, in denen sich die Gründer:innen keine Sorgen um Liquidität machen müssen, aber sie dürfen diese dennoch nicht aus dem Auge verlieren. Das allein schon aus einer Verpflichtung den Grundsätzen guten Wirtschaftens gegenüber.

> **»Keine Situation ist für eine Firma so existenziell wie ein leeres Konto.«**

Nicht nur, weil ohne Geld keine Mitarbeiter:innen bezahlt werden können, ohne Geld keine Dienstleistung gekauft und keine Miete bezahlt werden kann, sondern vor allem auch, weil sich rechtliche Folgen daraus ergeben wie die Verpflichtung zur Insolvenzanmeldung, über die ich selbst als Unternehmer:in keine Kontrolle mehr habe. Das heißt, so sehr ein Start-up auch aus einer Vision und der Motivation etwas Großes zu schaffen besteht, so abhängig ist es von Mittelzuflüssen, die zunächst von Dritten kommen müssen, um diesen Traum in die Realität umzusetzen.

Es scheint also, als könne man einige Krisen mit der entsprechenden Motivation und dem Glauben an sich selbst überwinden. Bisher haben wir uns verschiedene Szenarien angesehen, die Gründer:innen vieles abverlangen. Sich auf die Heldenreise zu begeben bedarf vor allem dem Selbstbewusstsein, in der Lage zu sein, schwierige Entscheidungen zu fällen, und dabei immer nach vorne zu blicken. Wie geht man aber damit um, wenn man selbst zur Krise wird, weil die eigene Motivation und das Vertrauen in die Vision schwinden?

# Gründer-Storys

»Das Geld unserer ersten Finanzierungsrunde ging uns aus und wir hatten kein Commercial Proof Of Concept vorzuweisen: Zwar gab es mit unserer Lernplattform eine erste Version unseres Produkts, aber die wollte fast niemand kaufen. Wir hatten keinen Product-Market-Fit oder waren einfach nur schlecht in der Vermarktung. Das hat uns entsprechend wenig sexy für eine neue Finanzierungsrunde gemacht. Das Credo in dieser existenzbedrohenden Krise war: irgendwie Geld auftreiben oder den Laden dichtmachen. Ein Innovations-Darlehen der Investitionsbank Berlin hat uns dann gerettet. Mit dem konnten wir am Produkt nachbessern, was nötig war und erste funktionierende Marketingkanäle entwickeln. Und mit diesen Erfolgen kam die nächste Finanzierungsrunde. Ich sehe häufiger Gründungsteams, die ihr Pre-Seed- oder Seedinvestment aufbrauchen, aber nicht genug auf Commercial Proof of Concept achten. Ich wünsche jedem Team die nötige Klarheit, sich auf das Wesentliche zu konzentrieren«

STEPHAN BAYER, SOFATUTOR

»In den frühen Jahren ist bei uns erstaunlich viel gut gelaufen. Erst später, als das Unternehmen größer wurde, kamen dann die ganz dicken Brocken. Eines Tages erfuhr ich, dass wir anscheinend schon seit Wochen keine Rechnungen mehr geschrieben hatten. Die erstmalige

Einführung eines ERP-Systems und der Aufbau eines Finance-Teams hatte bei uns alles aus der Bahn geworfen. Die Auswirkungen auf den Cash-Bestand ließen nicht lange auf sich warten. Wir hatten nur wenige Wochen, um die Situation zu lösen, sonst wäre uns das Geld ausgegangen. Zunächst muss man ja erstmal verstehen, was da gerade passiert ist. Hat der Markt gerade gedreht? Ist unser Produkt irrelevant geworden? Können wir nicht mehr liefern? Bricht das Team auseinander? Bei einem Krisentreffen mit meinen Investor:innen und meinem Chairman haben wir erst einmal die Gedanken sortiert. Zum Glück hatten wir hier ein Problem, das wir auch selber lösen konnten. Was musste noch heute passieren? Was in den nächsten paar Tagen? Und was hat noch ein paar Wochen Zeit, selbst wenn das Worst-Case-Szenario eintrifft? In unserem Fall mussten wir erstmal die wichtigsten Prozesse wieder zum Laufen bringen. Sicherheitshalber schon mal Finanzierungen in Gang bringen, falls es schlimmer wird. Führungskräfte austauschen und das Team stabilisieren. Und das alles in einer Zeit, wo unser Umsatz und Team um 100 Prozent wächst und wir gerade in vier neuen Ländern frisch gestartet sind.«

GERO DECKER, SIGNAVIO

»Bei Idealo war es die Alternative zwischen Abwicklung oder die Firma unbezahlt weiterzuentwickeln. Wir hatten Glück, dass wir Jobs finden konnten, wo wir genug Einkommen generieren konnten, um Idealo nebenher zu managen. Zwei Jobs gleichzeitig waren aber auch extrem

anstrengend. Mit üppiger Finanzierung hätten wir vermutlich versucht, das Geld halbwegs sinnvoll auszuge-
ben. Ohne jegliches Geld waren wir jedoch gezwungen,
komplett neue Wege zu gehen und zu lernen, welches
Potenzial SEO hat, was am Ende der richtige Weg war.«

MARTIN SINNER, IDEALO

## KAPITEL 8

# Macht das alles überhaupt noch Sinn?

*» Wenn du daran denkst aufzugeben, erinnere
dich daran, warum du angefangen hast.«*

UNBEKANNT

Es war kurz nach sechs Uhr morgens – und wie so oft in dieser Zeit stand ich auf dem Laufband meines Fitnessstudios. Auf den Bildschirmen wurde George W. Bush gezeigt, wie er die US-Truppen im Irak anlässlich von Thanksgiving besuchte. Wir arbeiteten inzwischen seit über zwei Jahren an einer mobilen GPS-Navigation für Smartphones, die damals noch vor ihrem großen Durchbruch standen. Trotz allen Einsatzes und mehreren, neuen Ansätzen hatten wir den großen Wurf noch nicht geschafft. Der Markt war aber gerade dabei, abzuheben. Ein niederländisches Start-up – Tom-Tom –, das ursprünglich Gesellschaftsspiele wie *Mühle* oder

*Dame* für mobile Geräte entwickelt hatte, war gerade dabei den Weltmarkt zu erobern. Wenn ich morgens an den Briefkasten ging, waren dort die Flyer der Lebensmittel-Discounter, die im Wochenrhythmus ihre Angebote für Navigationsgeräte anpriesen. Wir waren so nah dran, aber spielten nicht mit in dem Millionenspiel. Ich lief im Tempo des Laufbandes und blickte in Gedanken durch die großen Scheiben auf die vorbeifahrende U-Bahn. Ich war frustriert. Wir hatten so viel Zeit in unser Projekt gesteckt, viele Tiefpunkte einstecken müssen und jetzt sah es so aus, als würden wir kurz vor dem Ziel scheitern. Selten hatte ich in den letzten Jahren darüber nachgedacht, etwas anderes zu machen. Wir waren als Team zusammengewachsen, hatten uns zusammen durch viele schwere Phasen gekämpft, aber jetzt konnte ich mich seit Wochen nicht mehr richtig motivieren. Es ging ja auch um mein Leben, meine Karriere. Wenn es jetzt nicht klappen würde, dann hätte ich viel Zeit in einer Lebensphase, in der andere bereits den zweiten oder dritten Sprung auf der Karriereleiter gemacht hatten, einfach verspielt.

### »War es das wirklich wert?«

War jetzt nicht der Zeitpunkt, sich einzugestehen, dass wir es nicht schaffen würden und etwas anderes zu beginnen? Wo war der befreiende nächste Schritt? Der Schlüssel zum Erfolg? Konnte ich mich nochmal aufraffen und für mich und das Team die Energie aufbringen, weiterzumachen? Normalerweise gab mir der Sport morgens das Adrenalin, das ich brauchte, um mit Energie und Motivation in den Tag zu starten, das funktionierte immer. Auspowern und mit klarem Kopf an den Schreibtisch.

Doch wie es aussah, war das vorbei. Erschöpft stieg ich von dem Gerät, ging langsam in die Umkleidekabine und unter die Dusche. Nicht voller Energie, sondern leer und kraftlos. Wenn ich an diesem Morgen gewusst hätte, dass wir nur zwei weitere Jahre später einen der bis dahin größten Exits in der Geschichte der Berliner Start-ups hinlegen würden, wäre meine Energie unendlich gewesen.

Die schwerste Krise überhaupt ist die Sinnkrise, denn sie nimmt einem das, was man in Krisensituationen dringend braucht: die Überzeugung, es schaffen zu können. Dementsprechend muss man mit dieser Krise auch anders umgehen als mit jeder anderen.

Für viele Gründer:innen ist es eine ganz neue Erfahrung – zumindest wenn sie das erste Mal gründen – allein durch ihre Rolle als Führungskraft von dem Team nicht mehr als ein normales Teammitglied gesehen zu werden. In der Regel sind Gründer:innen in leitenden Funktionen tätig und man muss sich daran gewöhnen, dass Situationen entstehen, die einem vorher so nicht begegnet sind.

Plötzlich fällt einem auf, dass man anders wahrgenommen wird: Mehrere Mitarbeiter stehen in der Küche, es wird gelacht und Kaffee getrunken. Doch das Gespräch verstummt plötzlich, wenn man den Raum betritt. Das ist für viele erstmal eine ungewohnte Erfahrung, da man sich oft selbst als Gründer:in gar nicht anders sieht als vor der Gründung. Man hat nach wie vor das Gefühl einfach ein Teil des Teams zu sein. Man hat dem Team schließlich klar zu verstehen gegeben, dass die Unternehmenshierarchie flach gelebt wird und, dass man deshalb auf Augenhöhe/als Teil des Teams wahrgenommen werden möchte.

**»Als CEO steht dir sozusagen auf die Stirn geschrieben: Du bist anders.«**

Es gehört zu den härtesten Erkenntnissen in den ersten Monaten im eigenen Unternehmen, dass man in bestimmten Situationen allein ist. Wer führen will, muss auch mit dem Gefühl von Einsamkeit umgehen können. Das betrifft nicht nur Start-up-Gründer:innen, sondern generell den Umstand, in Verantwortung zu sein und Entscheidungen treffen zu müssen, die sich gegebenenfalls über die Meinung und auch den Willen anderer hinwegsetzen müssen.

Es führt oft dazu, dass man sich in schwierigen Situationen dem Team nicht einfach öffnen kann. Die Einsamkeit des Führens drückt sich insbesondere dann aus, wenn einem bewusst wird, dass es fast niemanden mehr gibt, mit dem man offen über Probleme sprechen kann. Natürlich hat man Freunde oder Freundinnen, mit denen man sich austauschen kann und schon in der Vergangenheit über Probleme gesprochen hat. Diesen Freund:innen fehlt aber oft der Erlebnis- und Erfahrungshorizont, der gerade jetzt wichtig ist, um die Komplexität der individuellen Situation zu verstehen. Die eigene Familie will man damit auch nicht belasten und vor denjenigen, die es am besten verstehen würden – Gründer:innen von anderen Start-ups oder das eigene Managementteam – scheut man sich, in radikaler Offenheit zu sprechen. Denn man empfindet diese Führungsverantwortung und hat zu Recht das Gefühl, nicht alles mit allen teilen zu können. Das Kundtun von Problemen innerhalb des Unternehmens kann, gerade in der frühen Start-up-Phase, schnell zu Verunsicherung führen. Wir haben schon gesehen, wie schnell ein Gerücht in Umlauf kommt. Deshalb sollte man als Gründer:in bewusst abwägen, mit wem man was bespricht.

Deine eigene Krise, die Sinnkrise, rüttelt daran, warum es dein Start-up gibt – an deinem Selbstvertrauen, dem Glauben an dein Produkt, die Vision und das Team.

Diese Selbstwahrnehmung ist eine explosive Mischung. Auf der einen Seite ist sie gefährlich für einen selbst: Wie soll ich das eigene Unternehmen weiterführen, wie soll ich in überzeugender Art und Weise vor das Team treten, wenn ich gerade selbst nicht daran glaube? Andererseits geht es um ein Gefühl, das ich mit niemand anderem in der eigenen Firma teilen kann. In stabilen Gründer:innen-Teams wird man sich darüber austauschen können und verstehen, dass manchmal einer den anderen braucht, um weiterzumachen. Wieder passt das Bild einer Beziehung gut: Auch hier ist es ja oftmals so, dass der eine Partner dem anderen zur Seite steht, wenn der mal schwächer ist und Hilfe braucht.

Dabei ist die Sinnkrise wahrscheinlich diejenige, die einem als Gründer:in vertraut ist, obwohl man sie oftmals gar nicht als Krise wahrnehmen wird. Die Angst zu scheitern ist ein allgegenwärtiger Begleiter. Man fürchtet insgeheim, nicht zu erreichen, was man sich vorgenommen hat, was man den Investor:innen präsentiert, dem Markt versprochen hat und was man jeden Tag dem Team erzählt. Selbst in erfolgreichen Phasen bleibt für viele Gründer:innen der Druck, bestehen bleiben zu können. Es ist auch eine Frage der Persönlichkeit, ob und wie sehr die oder der Einzelne davon betroffen ist. Ich kenne viele Gründer:innen, die sich eingestanden haben, dass diese Sorge des Scheiterns nie ganz verschwindet. Vielleicht ist es ähnlich wie das Lampenfieber, das auch sehr erfahrene und erfolgreiche Schauspieler:innen nie ganz verlassen wird. Das Lampenfieber hält wach, macht achtsam und verhindert, dass man die Bühne als eine Selbstverständlichkeit erachtet. Ähnlich mag es sich mit der Angst vor dem Scheitern im Unternehmen verhalten. Durch diese latente Angst bleibt man wach, aufmerksam und nimmt keinen Erfolg als selbstverständlich hin.

Es hilft deswegen schon, sich einzugestehen, dass diese Sorge und dieser Druck etwas Selbstverständliches sind. Jeder Mensch, der beginnt, Verantwortung in einem Maße zu übernehmen, in der er bisher noch keine Verantwortung übernommen hat, wird an den Punkt kommen, diesen Druck zu verspüren.

> **»Verantwortung heißt, neben Anerkennung und der Möglichkeit, sehr erfolgreich zu werden, auch den Druck, die Last auf den eigenen Schultern zu tragen.«**

Aus eigener Erfahrung und aus vielen Gesprächen mit Gründer:innen weiß ich, dass diese Erkenntnis gerade in den ersten Monaten eines Start-ups für viele doch überwältigend ist.

Stefan hat die letzten Jahre in einem Weltkonzern verbracht. Dort sogar promoviert. Immer in spannenden Positionen. Künstliche Intelligenz war sein Promotionsthema und in den letzten zwei Jahren sprach man über nichts anderes mehr. Ihm reichte aber der Ausblick auf eine vielversprechende Konzernkarriere nicht, er wollte sein Thema in einer eigenen Firma umsetzen. Wir kannten uns aus seiner Konzernzeit und als er dann wirklich rausging, um selbst zu gründen, stand ich mit Rat und Zeit zur Seite. Die ersten Monate gingen schnell und leicht um. Er und seine Mitgründer:innen wussten, dass sie sich mit einem großen Thema beschäftigten und konnten erstaunlich schnell einige Business-Angel-Investor:innen (Privatleute, die gerne ganz früh in Start-ups investieren) begeistern. Ungefähr ein Jahr später saßen wir beim Lunch und er wirkte plötzlich sehr nachdenklich. Er habe jetzt viel Zeit in den letzten Monaten mit der Finanzierung verbracht. Das sei okay, weil es auch seine Aufgabe sei. Er könne sich aber gerade kaum um das eigentliche Entwickeln kümmern. Außerdem habe er gerade mächtig Ärger mit einem Programmierer, der sehr wichtig für das schnelle Vorankommen in den kommenden Wochen sei. Der habe eigentlich schon zugesagt und am Tag der Vertragsunterzeichnung plötzlich angerufen und gesagt, er habe ein besseres Angebot von einem anderen Start-up erhalten und werde deshalb dort anfangen. Stefan seufzte laut und meinte, dass es heftig sei, dass alle Probleme am Ende bei ihm zusammenliefen. Das hätte er sich vorher nicht so klargemacht.

Die meisten Gründer:innen haben davor auch schon Verantwortung getragen – in Vereinen, in Verbänden, als Schulsprecher:innen oder in vorangegangenen Anstellungsverhältnissen. Doch wirklich überwältigend ist die Erkenntnis, dass man die Verantwortung nicht abschütteln kann. Sie wird am Ende immer wieder auf einen zurückfallen.

Das ist charakteristisch für Führungspositionen und man kennt das auch aus traditionellen Unternehmen. Neu ist aber, dass der gedankliche Fluchtpunkt: *Dann kündige ich eben!* nicht existiert. Und das ist im Kern das Wesen des Unternehmertums. Kündigen oder Aufhören steht der Idee des Gründens entgegen. Diese unerwartete Erkenntnis holt viele in der ersten Phase eines Start-ups ein und trägt dazu bei, dass das Verständnis für die eigene Rolle noch fundamentaler wird.

Die Sinnkrise der Gründer:innen wird häufig dadurch befeuert, dass man sich fragt, ob man dem Druck standhält. Existenziell wichtig ist, dass man weitermacht, wenn man in so eine Situation kommt, auch wenn es schwerfällt. Das eigene Zweifeln darf nicht auf das Team abfärben. Nach außen hin muss man trotzdem Leadership und Stabilität zeigen. Das soll nicht heißen, dass Gründer:innen nicht auch Schwäche zeigen dürfen. Aber im Gegensatz zu einem etablierten Unternehmen bilden bei einem Start-up gerade in den ersten Jahren die Gründer:innen einen sehr hohen Identifikationsfaktor, wenn es um die Zielerreichung und die Dynamik des Unternehmens geht. Dieses Selbstverständnis kann gerade in schwierigen Zeiten schnell gestört sein, unter anderem dadurch, dass das Team wahrnimmt, wenn Gründer:innen an sich selbst oder an der eigenen Vision zweifeln.

Ähnlich wie bei der Teamkrise kann man auch in der Selbstkrise ein Notfallsystem etablieren, das in einer solchen individuellen Erfahrung praktisch automatisch anfängt zu helfen. Das sind enge Berater:innen und Mentor:innen. Natürlich helfen auch Freund:innen und Familie, die zwar meistens wenig oder gar nichts mit dem Unternehmen oder der Branche zu tun haben, aber auf menschlicher Ebene unterstützen können. Die Erfahrung zeigt aber, dass die Konstellation eines Start-ups insbesondere in der frühen Phase so individuell ist, dass es besser ist, mit Menschen darüber zu sprechen, die die Materie wirklich verstehen.

> **»Es wird niemand besser den Druck verstehen, wenn das Geld droht auszugehen, als diejenigen, die es selbst schon erlebt haben.«**

Mentor:innen sind in meiner Definition Menschen, die mir einerseits helfen, mich professionell und fachlich zu verbessern und andererseits in schwierigen Phasen bereit sind, mir die Augen zu öffnen und mir im besten Fall den Weg aus der Krise zeigen.

»Wir haben nur noch für sechs Wochen Geld.« So ehrlich und klar hatte ich das noch nie ausgesprochen. Ich wusste, dass wir auf dem richtigen Weg waren, aber bisher hatte es nicht geklappt, neue Investor:innen von der Zukunft der Firma zu begeistern. Es war die klassische Situation: Alle fanden das Thema interessant und meinten, sobald ein:e andere:r Investor:in einsteigt, seien sie auch dabei. Aber keiner wollte der Erste sein, der investiert. Für mich als CEO war das eine dramatische Phase, in der ich mich auch immer wieder auch selbst infrage stellte. Warum war ich nicht in der Lage, der Firma zu dem zu verhelfen, was sie brauchte – Geld? Um mich herum hörte ich die ganze Zeit von erfolgreichen Finanzierungsrunden in zum Teil atemberaubenden Größenordnungen. War ich einfach zu blöd? Ich konnte doch sonst auch immer Menschen für unsere Idee begeistern, aber irgendwie war es wie verhext. Es ging nichts mehr und ich habe alle Schuld bei mir gesucht.

»Wir haben nur noch für sechs Wochen Geld!«, erzählte ich Georg, einem guten Freund, der selbst schon einige Unternehmen aufgebaut hatte. Er hörte sich alles an, doch anstatt mich entgeistert anzustarren und mir zu erzählen, wie dramatisch das alles sei, meinte er nur: »Das sind anderthalb Monate – viel Zeit, eine Lösung zu finden!« Er beruhigte mich unglaublich mit seiner Gelassenheit, weil ich wusste, dass er es ernst meinte. Wir sprachen die Optionen durch und er half mir, meinen Kopf klar zu bekommen. Er stellte die richtigen Fragen in Verbindung mit einem Einfühlungsvermögen für meine Situation. Ohne ihn und dieses Gespräch wäre ich nicht in der Lage gewesen, die Klarheit und Energie aufzubringen, nur wenige Wochen später einen oder eine Investor:in zu überzeugen, und die Firma in die nächste Phase zu führen.

Sinnkrise heißt nicht, dass es um Leben und Tod gehen muss. Ganz im Gegenteil. Die Sinnkrise kann oftmals innerhalb von Tagen entstehen und genauso schnell auch wieder verschwinden. Sie ist nur deswegen so wichtig, weil sich innerhalb von Tagen auch das Schicksal eines Start-ups entscheiden kann – je nachdem, welche Dynamik sie annimmt.

Fällt man als CEO und Gründer:in in ein tiefes Loch und verliert die Motivation oder reißt man das Ruder herum, schöpft neue Kraft und geht sogar mit neuen Erkenntnissen aus der Krise hervor? Hier können menschliche Begegnungen viel bewirken – im Guten wie im Schlechten.

Mentor:innen sind eine wichtige Instanz, mit denen man sich schon über Wochen und Monate eng ausgetauscht hat, wobei sich ein Vertrauensverhältnis aufgebaut hat. Sie sind neutral, denn sie haben keine Rolle im Unternehmen. Es sind Menschen, die einem Kraft ihrer Lebens- und Berufserfahrung zur Seite stehen können.

Meine Erfahrung hat mir gezeigt, dass Mentor:innen etwas sehr Gutes sind. Allerdings reicht es nicht aus, dass man glaubt jemanden zu kennen, von dem man das Gefühl hat, sie oder er könne in einer Krise helfen. Es hängt sehr von der Persönlichkeit der einzelnen Gründerperson ab und es sollte mit Weitblick ein Verhältnis aufgebaut werden, in das sich beide – Gründer:in und Mentor:in – hineinentwickeln können.

Es ist gerade in den letzten Jahren häufiger geworden, dass sich Start-ups auch eigene Coaches leisten. Diese betreuen in der Regel die Gründer:innen oder das Managementteam. Für Start-ups, die sich das leisten können, ist das eine valide Alternative, in der Regel ist das aber eine nicht ganz kostengünstige Variante und man muss sehr gut suchen, bevor man den richtigen Coach gefunden hat.

Während Mentor:innen oder Coaches von außen einwirken und helfen können, seine Selbstzweifel zu überwinden und einen Moment der Schwäche durchzustehen, ist es im Innenverhältnis eines Start-ups die Loyalität der Mitarbeiter:innen. Im besten Falle sollte man Mitarbeiter:innen nicht spüren lassen, dass man gerade Probleme hat, an sich oder die eigene Vision zu glauben. So wie Freund:innen oder Mentor:innen einen aktiv motivieren können, weiterzumachen, kann es auch das Verhalten und der Spirit des Teams sein, aus dem man wieder Glauben an das gemeinsame Projekt und die gemeinsame Sache findet. Also, in einer gut funktionierenden Gründer:innen-Beziehung kann der eine Gründer den anderen wieder aufbauen. Ebenso kann es auch funktionieren und muss es sogar, dass auch das Team die Gründer:in wieder aufbauen kann. So kann das Team sogar unbewusst diesen Einfluss haben, wenn es auch dann funktioniert, wenn man es gerade nicht führt. Das ist es, was ich mit Loyalität meine: Auch in Phasen, in denen keine eindeutige Führung vorhanden ist, wird das Team nicht gleich aus der Spur laufen und seine Orientierung verlieren. Ein wesentlicher Bestandteil bei der Bewältigung einer Sinnkrise kann also das Verhalten von Mitarbeiter:innen sein. Loyalität von Mitarbeiter:innen wird durch eine Vielzahl von Faktoren bestimmt. Eine vollständige Liste kann es nicht geben. Dennoch gibt es ein paar Kernelemente:

- Verantwortung teilen und Mitarbeiter:innen das Gefühl geben, dass sie einen direkten Einfluss durch ihre Arbeit auf die Geschicke der Firma haben. Sich selbst für das Geleistete verantwortlich zu fühlen ist der erste Schritt, unternehmerisches Denken bei Mitarbeiter:innen zu fördern.

- Dazu gehört auch, Mitarbeiter:innen nicht dauerhaft zu kontrollieren. Micro-Controlling, also das Überwachen und Hinterfragen selbst der kleinsten und geringsten Aufgabe, führt schnell zu Demotivation. Dabei sollte man sich auch klar machen, dass man die- oder denjenigen ja für eine bestimmte Rolle eingestellt hat. Mitarbeiter:innen verdienen einen Vorschuss an Vertrauen. Wenn es nicht klappt, muss man nachsteuern.

- Im Tao te King, dem Laotse zugeschriebenen Werk über die humanistische Staatslehre, wird davon gesprochen, dass sich Menschen durch das Weglassen von Vorschriften und Druck am besten entwickeln und dieses auch im Sinne des großen Ganzen ist. Man muss nicht unbedingt einer fernöstlichen Philosophie folgen, um darin etwas Wahrhaftes zu erkennen.

Zusammenfassend kann man sagen, dass jede:r Gründer:in mindestens einmal an den Punkt kommt, das infrage zu stellen, wofür sie angetreten ist und sich selbst dabei infrage stellen. Das heißt auch, dass jede:r Gründer:in mindestens einmal daran denkt, aufzugeben. In solchen Phasen ist es wichtig, nach vorne zu schauen und weiterzulaufen. Manchmal hilft es dabei, kleine Schritte zu gehen und sich selbst zu vergewissern, was essenziell ist und warum man ursprünglich diese Reise als Unternehmer:in angetreten hat. In diesem Moment kann es wichtig sein, sich noch einmal mit seiner ursprünglichen Unternehmensvision zu verbinden. Gegebenenfalls weist die Sinnkrise auch darauf hin, dass man seinen eigenen Werten und der eigenen Vision nicht treu geblieben ist. Auch hier kann man wieder Mentor:innen, aber auch Mitgründer:innen und das gesamte Team als Unterstützung ins Boot holen.

Hier ein paar Möglichkeiten zur Umsetzung:

- eine Auszeit nehmen – allein wandern oder mit dem Fahrrad losfahren und sich nur auf die ursprüngliche Unternehmensidee konzentrieren. Nun kann man den Vergleich zum aktuellen Ist-Zustand ziehen. Wo ist hier die Schieflage?

- das Gespräch mit einem oder einer Vertrauten bzw. Mentor:in suchen, einfach um ein offenes Ohr bitten und die Situation schildern. Das Gegenüber sollte dabei in der Lage sein, aktiv zuzuhören. Das bedeutet, das von einem selbst Geschilderte immer wieder zusammenzufassen (»Das, was du meinst, ist also…«) Das hilft, die eigenen Gedanken besser und klarer zu formulieren und zu hinterfragen.

- Nachdem man selbst mehr Klarheit gewonnen hat, kann man auch das Team zu einem Brainstorming einladen. Was ist das gemeinsame Ziel, wie sieht der Ist-Zustand aus und wie überwindet ihr gemeinsam die Diskrepanz?

> **»Eine (Unternehmens-)Idee zu schnell aufzugeben, wäre fatal. Denn es gibt gute Gründe, warum man bis dahin gekommen ist, wo man gerade steht.«**

Man hat ein Team zusammenstellen können, motiviert durch die Idee, etwas Neues zu erschaffen. Man hat Investor:innen überzeugen können, in diese Idee zu investieren. Die Sinnkrise – auch wenn sie zunächst unüberwindbar erscheint – kann nach einigen Tagen überstanden sein. Das, was man verlieren würde, wenn man aufgibt, wäre die harte Arbeit von Monaten beziehungsweise Jahren. Das soll nicht heißen, dass eine solche Krise des Zweifelns nicht auch wiederkommen kann. Es soll nicht bedeuten, dass es durch eine Krise nicht auch zu der Entscheidung kommen kann, sich mit dem Unternehmen strategisch neu aufzustellen. Es kann auch dazu führen, das Ruder an andere zu übergeben oder in sehr seltenen Fällen, das Start-up nicht weiterzuführen, wenn man gar keine Möglichkeiten sieht, weiterzumachen.

Die Sinnkrise ist in ihrer Natur deswegen so anders, weil sie das nimmt, was existenziell ist, um Krisen zu überstehen – den Glauben an sich selbst und an das persönliche Vermögen, es zu schaffen.

Andersrum kommen manchmal Krisen auf einen zu, mit denen man gar nichts zu tun hat. Obwohl man alles richtig gemacht hat, obwohl man ein großartiges Produkt baut, obwohl man im Markt gut etabliert ist, obwohl die Zahlen gut aussehen und die Zeichen auf Wachstum stehen, geschieht trotzdem plötzlich etwas, was in seiner Dimension und Vehemenz von außen auf das Start-up einwirkt, ohne dass man sich jemals darauf hätte vorbereiten können – und das ist die Weltkrise.

# Gründer-Storys

»In dem Wort *Krise* steckt dieser *Sense of Urgency* drin: In der akuten Krise ist die Zukunft der Firma gefährdet. Das zu managen, ist Gründer:innen-Aufgabe. Man kann das nicht in Ruhe delegieren, aber man kann auch in der Krise eng abgestimmt im Team arbeiten. Ich habe in Krisen immer sehr davon profitiert, schnell eng zusammenzurücken und gemeinsam mit meinem Führungsteam nachzudenken und zu entscheiden.«

STEPHAN BAYER, SOFATUTOR

»Unser erstes Start-up Navinum, ein Marktplatz für Weinhändler, hatte de facto nie einen echten Product-Market-Fit. Das haben wir lange nicht wahrhaben wollen und immer geglaubt, mit dem nächsten Feature-Release würde sich alles deutlich verbessern. Das war de facto nicht der Fall und wir haben deutlich zu spät gesehen, dass das Geschäftsmodell so nicht funktionieren würde. Am Ende war dann ein zu hoher Teil des VC-Investments schon ausgegeben, um noch einen echten Pivot umsetzen zu können. Persönlich habe ich in dieser Phase von Misserfolg und Stress eine private Krise viel zu spät gesehen. Ich habe alle typischen Stress-Symptome durchlebt. Zähneknirschen, Rückenschmerzen, schlechter Schlaf und Co. – lange habe ich das nicht sehen und wahrhaben wollen, erst deutlich später habe ich gelernt, dass das alles keine körperlichen, sondern mentale Ursachen hatte. Mein Schlüsselmoment war, als ich eines Tages so starke Rückenschmerzen hatte, dass ich nicht mehr aus dem Auto aussteigen konnte und tatsächlich von Ärzten aus dem Auto geholt werden musste. Und das zu einer Zeit, in der ich in der 2. Bundesliga Hockey spielte und aktiver Triathlet war, mich also körperlich für sehr fit und gesund hielt. In dem Moment wusste ich: Ich muss etwas ändern. Ich traf damals einen Freund von mir, der einer der weltbesten Ironman-Athleten ist und als Triathlon- und Mentalcoach arbeitet. Er war derjenige, der es dann geschafft hat, mir über den Sport aufzuzeigen, dass meine gesamten Rückenschmerzen nur Symptome von stressbedingter Verspannung sind und keine physischen Ursachen hatten. Über ihn habe ich dann den Zugang zu Achtsamkeitstraining und Meditation gefunden, was mir nachhaltig dabei geholfen hat, mit diesem Druck und Stress besser umzugehen. Seitdem bin ich schmerzfrei und schlafe in der Regel wie ein Baby.«

JAN BECHLER, FINC3

»Definitiv können Gründer eine Krise nicht delegieren. So was habe ich leider bei *designy* erlebt. Es zeigt sich am Ende, aus welchem Holz die Leute gemacht sind, ob sie im Grunde nur Selbstoptimierer sind oder ob sie genug Charakter haben, um das Versprechen zu halten, das sie Investor:innen gemacht haben.«

MARTIN SINNER, IDEALO

»Die Verantwortung [von Gründer:innen] beginnt nicht erst in der Krise, sondern viel früher mit der richtigen Prävention und Vorbereitung. Gründer:innen sollten sicherstellen, dass es ein Krisenteam und einen Krisenplan gibt, der mindestens einmal im Jahr in einer Simulation auf Herz und Nieren getestet wird. Delegiere ich eine Krise, verliere ich das Vertrauen meiner Stakeholder. In kritischen Situationen wollen wir sehen, dass die Verantwortlichen auch Verantwortung übernehmen.«

OLIVER AUST, EO IPSO COMMUNICATIONS

»Meist ist es [die Verantwortung] erdrückend und man bekommt Angst. Das ist ganz normal. Umso wichtiger ist es, dass man darüber mit jemandem (Mitgründer:in, Partner:in oder anderen Gründer:innen) sprechen kann. Über die Zeit lernt man damit umzugehen und ›stumpft‹ gewissermaßen ab.«

SVEN LACKINGER, SASTRIFY

»Es kommen viele Dinge auf einmal zusammen und das fühlt sich belastend an. Das ist ein Gefühl von *Auf der Stelle treten* – ich werde träge und alle meine Aktionen fühlen sich langsam und schwer an, als wenn jemand auf der Bremse steht. Gedanken kommen auf über die Sinnhaftigkeit des Projektes bis hin zu einem *Alles hinschmeißen*. Ausgelöst zum Beispiel durch Geldknappheit/Investment-Bedarf, keine Verbindung und Ärger im Team,

Überarbeitung durch multiple Aufgaben, die alle möglichst gleichzeitig zu lösen sind.«

KRISTIN SCHROEDER, CEMOTION CC, SONNPOWER GMBH

»Delegieren im Start-up ist eine große Herausforderung. *Be able to scale yourself* war der Rat eines erfahrenen Gründers, also bezugnehmend auf die Tatsache, dass am Ende die Gründer:innen Verantwortung tragen und fehlende Delegation Wachstum hindert. Dies hängt zum einen damit zusammen, dass niemand so sehr für das Start-up brennt wie der oder die Gründer:in – das eigene Baby ist eben wie das eigene Fleisch und Blut. Zum anderen fehlen in Start-ups oft etablierte Prozesse, Strukturen und Verantwortlichkeiten, die eine Delegation überhaupt anlegen. Wichtiger als die Tatsache, dass die Gründerinnern die Krise selbst lösen müssen, ist aus meiner Sicht, dass sie die Krise zum ureigenen Thema machen wollen – denn hier entscheidet sich Wohl und Wehe des Unternehmens. Krise kann immense Chance sein und neue Perspektiven eröffnen; sie kann aber auch zum Ende des unternehmerischen Experiments führen. Ich hätte niemals zugelassen, nicht selbst aktiv Krisenmanagement zu betreiben.«

TOM KIRSCHBAUM, DOOR2DOOR

»Erstens braucht das Team das Gefühl, dass alle Kräfte mobilisiert werden, um das Unternehmen zu schützen und das Ruder rumzureißen. Auch rumpelt es in echten Krisen wahrscheinlich personell: Manche Leute zerbrechen an der Belastung der Situation und fallen aus. Manchmal müssen Führungskräfte auch gehen, um einen Neuanfang zu ermöglichen. All das erfordert Kontinuität zumindest bei den Gründern. Wenn es hart auf hart kommt, sind die Gründer:innen meistens noch mit voller Energie dabei und nehmen das Team mit. Ganz allgemein habe ich keinen Hang zur Kontrolle, ich lasse Leute lieber laufen. In Wachstumsphasen ist das auch extrem hilfreich, um schnell zu laufen. In Krisen rächt es sich dagegen. Da fragst du dich dann, warum du Dinge nicht schon früher gesehen hast, warum du dich dafür einfach nicht interessiert hast, du es einfach nicht verstanden hast. Da kommt man sich ziemlich dumm und hilflos vor. Wenn man sich vorher herausgehalten hat, dauert es auch lange, sich in der Krise dann in die Themen einzuarbeiten. Hier hilft nur Ehrlichkeit – Ehrlichkeit im Leadership-Team, mit dem Board und mit der ganzen Firma. Nur gemeinsam kommt man aus einem Loch wieder heraus.«

GERO DECKER, SIGNAVIO

## KAPITEL 9

# Die Weltkrise – es brennt auch anderswo

*»If you are going through hell, keep going.«*

WINSTON CHURCHILL

Ich habe dieses Buch im ersten Jahr der Corona-Krise zu schreiben begonnen. Mein zweiter Satz in diesem Kapitel lautete ursprünglich: »Diese Krise (Corona) hat in einem Umfang von außen auf die gesamte Weltwirtschaft Einfluss genommen, wie sich das vorher kaum jemand außerhalb von weltkriegsähnlichen Zuständen hätte vorstellen können.« Nur wenige Monate später haben uns die Ereignisse überrollt. Im Februar 2022 überfällt Russland die Ukraine und wir haben wirklich einen Krieg in Europa, dessen Ausmaß und Folgen nicht absehbar sind. Viele Ereignisse liegen komplett außerhalb der eigenen Kontrolle. Im Falle einer Weltkrise können sie sogar dazu führen, dass man unverschuldet das eigene Unternehmen verliert.

Das muss aber nicht so sein, denn jetzt kommt die gute Nachricht: Als Unternehmer:in hat man die Freiheit, zu entscheiden WIE man auf Ereignisse reagiert und mit äußeren Umständen umgeht.

**»Zum Wesen einer Krise gehört, dass sie häufig unerwartet über einen kommt.«**

Nichtsdestotrotz haben wir in den vergangenen Kapiteln gesehen, dass man auch Krisen kategorisieren und sich inhaltlich darauf vorbereiten kann. In vielen Unternehmen gehören Krisenpläne zum Risikomanagement. Was man tun kann, um sich Krisen zu stellen, die ein Start-up in den ersten Monaten und Jahren treffen können, haben wir über die letzten sechs Kapitel gesehen.

Es gibt aber Krisen, auf die man sich in ihrer Größe und Wucht nur schwer vorbereiten kann. Ähnlich wie alle anderen Krisen treten sie oftmals sehr schnell auf und entwickeln eine Dynamik, die aufgrund des Momentums und des Umfangs nicht zu kontrollieren ist – ähnlich einer nuklearen Kettenreaktion. Weltkrisen sind zudem noch dadurch charakterisiert, dass ihr Ausmaß auf weite Teile der Wirtschaft und – wie wir in der Corona-Krise gesehen haben – auch große Teile der Weltordnung und des alltäglichen Weltgeschehens übergreifen. In über 20 Jahren Start-up-Unternehmertum ist es das dritte Mal, dass ich mit einer Firma durch eine Weltkrise gehe.

Das erste Mal war der 11. September 2001. Einer dieser Tage, bei denen sich jede:r noch Jahre später genau erinnern kann, wo er oder sie an diesem Tag war. Ich war bei uns im Büro, wir hatten an dem Tag Board-Meeting. Auf der Tagesordnung stand die offizielle Ernennung unseres neuen CEOs.

In einer Pause lasen wir auf Spiegel-Online die erste Headline, dass ein Flugzeug in einen der beiden Türme des World Trade Center geflogen sei. Wie die gesamte Welt an diesem Tag, standen wir fassungslos nebeneinander und starrten auf die Bildschirme. Wir sahen, wie die beiden Türme in sich zusammensackten und wie sich die Menschen zu Tode stürzten. Jeder wusste an diesem Tag, dass der Lauf der Welt ab sofort ein anderer sein würde. Ich hatte am nächsten Tag um 11:00 Uhr morgens ein Meeting mit der Innovationsabteilung der Lufthansa. Man kann sich vorstellen, warum dieses Meeting nicht mehr stattgefunden hat.

Die Finanzkrise 2008, die sich 2007 abzuzeichnen begann, wurde anfangs in ihrem Ausmaß und in ihrem zerstörerischen Wesen vollkommen unterschätzt. Der Einfluss auf Start-ups war gar nicht so spürbar, denn er war stark auf Schlüsselindustrien wie beispielsweise die Automobilindustrie konzentriert. Viele innovative digitale Geschäftsmodelle konnten sich davon unabhängig entwickeln. Die viel größere Problematik war, dass die Finanzflüsse gestört waren, was einen direkten Einfluss auf die Start-up-Finanzierung hatte. Die Geldquellen hinter den Venture-Capital-Fonds versiegten beziehungsweise befanden sich in Schockstarre. Das heißt, selbst wenn man im Grunde von der Krise nicht betroffen war, weil das eigene Geschäftsmodell und das eigene Produkt nicht in den Sog der Finanzkrise gerieten, konnte es sein, dass man die Folgen unmittelbar zu spüren bekam.

Die Corona-Krise hatte sich über Wochen angekündigt. Im Dezember 2019 hörte man das erste Mal von einem neuen Virus aus China. Im Januar 2020 gab es den ersten Fall in Deutschland bei einem Automobilzulieferer in Süddeutschland und ab Mitte Februar überschlugen sich die Entwicklungen.

Die ganze Dynamik gipfelte im ersten Lockdown und die gesamte deutsche Wirtschaft wurde »auf Stopp« gesetzt.

Was bei der Corona-Krise anders ist als bei den beiden anderen besprochenen Weltkrisen, ist der Einfluss auf fast sämtliche Branchen. Dadurch, dass eine gesamte Weltwirtschaft in Schutzhaft genommen wurde, in der es kaum Produktion gab, ganze Lieferketten unterbrochen wurden und die gesamte Reisebranche »auf Null« gesetzt wurde, gab es kaum ein Unternehmen oder Start-up, das nicht unmittelbar betroffen war.

Exemplarisch steht für mich hier die Geschichte des Berliner Scale-ups *Get Your Guide*. Die Plattform vermittelt seit vielen Jahren sehr erfolgreich touristische Aktivitäten wie geführte Touren und Museumsbesuche und gilt weltweit als Marktführer. Für das Berliner Start-up-Ökosystem ist *Get Your Guide* ein Paradebeispiel und gilt als einer der ersten internationalen Super-Erfolge. Was den Erfolg des Start-ups sicher beflügelt hat, war der entstehende Trend der Billig-Flieger in den frühen 2000er-Jahren – Generation Easy-Jet. Für nicht mal 100 Euro ein Wochenende nach Barcelona fliegen, und dort eine Rikscha-Tour, einen Voucher für die Kneipentour und die Flamencoshow einfach auf dem Smartphone vorbuchen. Gerade junge Reisende sind große Fans der nahezu unendlichen Auswahl auf dem Portal. Und das hat über die 10 Jahre des Bestehens zu soliden Umsätzen geführt. Vor der Corona-Krise hat *Get Your Guide* knapp 100 Millionen Euro Umsatz erwirtschaftet. Sicher haben die beiden Gründer in den Jahren des Aufbaus zahlreiche Momente erlebt, die in diesem Buch beschrieben werden und immer haben sie gemeinsam einen Weg gefunden, eine Krise abzuwenden. Was macht man aber als Reiseveranstalter:in, wenn die Welt beschließt, dass man nicht mehr reisen kann? Lockdown. Der Umsatz von *Get Your Guide* ist innerhalb weniger Wochen von mehreren Millionen Euro im Monat auf Null zusammengebrochen. Diesen Moment haben die Gründer in verschiedenen Interviews beschrieben. Während zahlreiche traditionelle Firmen wie Lufthansa oder TUI schnell mit Geldern aus öffentlichen Töpfen aufgefangen wurden, musste sich *Get Your Guide* selbst retten. Im Oktober 2020 erhielt die Firma weitere 114 Millionen Euro von Investor:innen, die an die Zukunft des Geschäftsmodells glaubten und wussten, dass Menschen sofort wieder reisen werden wollen, sobald die Corona-Pandemie vorbei ist.

Ich hoffe sehr, die Krise ist für die allermeisten Unternehmen unter Kontrolle, wenn dieses Buch gelesen wird – nicht nur aus einer wirtschaftlichen Perspektive, sondern auch dahingehend, was die Krise für das Gesundheitssystem und jede:n Einzelne:n bedeutet hat. Ich glaube, dass die Corona-Krise von den drei Krisen, die ich gerade geschildert habe, mit Abstand die größte ist und uns mit ihren Folgen noch über Generationen hinweg begleiten wird.

Wie auch bereits in den vorangegangenen Kapiteln gesehen, muss die höchste Priorität für jeden Notfallplan sein, dass man sofort handelt.

> **»Es zählt wirklich jeder einzelne Tag, manchmal zählen sogar Stunden.«**

Die Komplexitäten von Weltkrisen bedingen, dass man nicht vorhersehen – und damit auch nicht sagen kann – in welchem Umfang eine Krise das eigene Geschäft beeinflussen wird. Aber auch hier gilt, lieber ein bisschen über das Ziel hinauszuschießen, als sich zu viel Zeit zu lassen, um abzuwägen und abzuwarten, wie sich die Lage entwickelt. Ähnlich dem Dominoeffekt kann das dazu führen, dass man von der Krise überrollt wird – ohne, dass man damit rechnet geschweige denn auch nur die geringste Chance hat, zu reagieren. Entscheidungen müssen schnell und entschlossen gefällt werden, gerade wenn nicht alle Details bekannt sind.

Wir neigen dazu abzuwägen und alle Handlungsalternativen genau verstehen zu wollen. In einer Weltkrise ist das nicht möglich. Wenn man sich nur mal die Ausmaße der Corona-Krise ansieht und sich überlegt, was zwischen Februar 2020 und Februar 2021 passiert ist, hätte das niemand in den frühen Wochen der Krise voraussagen können. Dabei ist die zeitliche Länge sicher das, was die allermeisten komplett unterschätzt haben. Darin unterscheidet sie sich auch von den vorgenannten Krisen. Die Ereignisse des 11. Septembers haben zwei Kriege ausgelöst. Der Afghanistankrieg und der Irakkrieg. Ebenso hat die Finanzkrise über Jahre hinweg den gesamten Banken- und Investmentsektor beeinflusst. Nichtsdestotrotz ist in beiden Fällen die Weltwirtschaft relativ schnell wieder ins Laufen gekommen, nachdem der initiale Schock vorüber war und die Rettungsschirme für die einzelnen Länder implementiert wurden. Bei der Corona-Krise kann man nur hoffen, dass jetzt im zweiten Jahr der Krise ein Weg zurück in die Normalität auch wieder absehbar wird.

Was sind nun die Entscheidungen, die man innerhalb von Tagen treffen muss? In der Prioritätenliste geht es immer erst um das Wohlergehen des Teams, dann um die Kosten und die Liquidität und danach kommt alles andere.

**»Dem Team muss es gut gehen.«**

Trotz eigener bewusster oder unbewusster Überforderung darf man in einer solchen Situation sein Team nicht vergessen. In der Corona-Krise gab es beispielsweise gleich zu Beginn gesundheitliche Aspekte, die viel Informationen und Transparenz benötigten. Nicht alle Menschen realisieren sofort, was zu tun ist oder welche Folgen eine Krise auf sie direkt haben kann. Dazu gehören Mitarbeiter:innen, die sich aufgrund von Sprachbarrieren selbst kein genaues Bild von der Situation machen können. Es ist wichtig, in Form von Townhall-Meetings oder über andere Kanäle regelmäßig und genau zu informieren. Bei traumatischen Ereignissen wie dem 11. September kann man davon ausgehen, dass das auch psychische Auswirkungen auf den einen oder die andere haben kann. Wenn man sich sicher ist, dass das Team, soweit es geht, stabil ist, geht es nur noch um eines.

> **»Liquidität ist das, was auch in schwierigen Zeiten die Handlungsfreiheit erhält.«**

Dafür muss man sich sehr klar darüber sein, woher diese Liquidität kommen soll. Wenn man ein Produkt und ein Geschäftsmodell hat, das aus sich heraus stabile Umsätze generiert, dann ist man schon mal in einer besseren Ausgangssituation. Alle SaaS (=Software as a Service) Produkte, die bereits eine stattliche Anzahl an zahlenden Kunden haben, gehören da sicher dazu. Wenn ich aber keine stabile Cash-Situation habe, muss ich mir selbst sehr genau überlegen, woher frisches Geld für die Firma kommen soll. Liquidität wird in der Regel dadurch geschaffen, dass man Einnahmen generiert oder die Ausgaben geringer als die Einnahmen sind. Weniger Ausgaben haben heißt Kosten runter und hier darf es keine heiligen Kühe geben. Alle Kostenblöcke müssen sofort kritisch unter die Lupe genommen und infrage gestellt werden. Wenn ich davon spreche, dass es keine heiligen Kühe geben darf, bedeutet es auch, dass sofort die Bereitschaft dazu da sein muss, alles zu streichen, was außerhalb der Krise nicht unmittelbar zum Fortbestehen des Unternehmens beigetragen hat. Das können Veranstaltungen und Konferenzen sein, das kann das tägliche Catering sein, das sind Reisekosten, die man reduzieren kann und so weiter und so fort. Was sind zusätzliche administrative Services, die man gebucht hat? Was sind Einzelbudgets für Extra-Ausgaben, für Berater oder Ähnliches? Ein gutes Kosten-Controlling kann darüber entscheiden, ob ein Start-up es schafft, eine Krise zu überleben.

Was für viele Gründer:innen, die das erste Mal in eine solche Situation kommen, schwierig ist, ist das Kämpfen um wirklich *jede* einzelne Kostenkategorie. Das ist im Übrigen eine Eigenschaft, die man auch in »guten Zeiten« zeigen sollte: Kosten kritisch unter die Lupe zu nehmen. Wenn es der Firma noch so gut geht und wenn die Finanzierungsrunde noch so groß war, bei einer einmal etablierten Ausgabenstruktur dauert es eine ganze Weile, bis sich diese wirkungsvoll reduzieren lässt. Das liegt an Kündigungsfristen und Laufzeiten von Verträgen, die man fast nie sofort beenden kann. *Lean Start-up* ist eine Methode zur Entwicklung von Unternehmen oder Produkten, die darauf abzielt, Produktentwicklungszyklen zu verkürzen. Dieser Begriff ist den meisten von uns allgegenwärtig. Diese Methode ist aus meiner Sicht auch eine der Grundvoraussetzungen, Unternehmen in Phasen flexibel zu halten, in denen sie noch anfällig sind, extrem auf Veränderungen zu reagieren. Im Falle einer Weltkrise geraten auch sehr große Unternehmen wie Banken, Fluggesellschaften, Handelsketten, die robust und unempfindlich scheinen, ins Taumeln. Man muss sich die Kostenblöcke genau ansehen und darf dabei keine Hemmungen haben. Wenn man laufende Kosten wegen der oben beschriebenen Umstände nicht schnell stoppen kann, muss man sich auch direkt an die Vertragspartner wenden, gegebenenfalls mit ihnen über Stundung von Zahlungen sprechen oder diese ganz pausieren. Verträge wie Miete sollte man versuchen neu zu verhandeln. Es geht nicht darum, dann auch alles unmittelbar umzusetzen, sondern es geht darum, dass man innerhalb weniger Tage nach dem Ausbruch einer Krise ein Verständnis dafür entwickelt, in welchem Umfang man Kosten sparen kann. Hier kann ich aus eigener Erfahrung sagen, dass das Kosteneinsparungspotenzial viel größer ist, als man in der Regel glaubt.

> **»Wie bei jeder Krise ist gerade in der Weltkrise starkes Leadership gefragt.«**

Dazu fällt mir die Disziplin des Kampfsports ein: Man kann die eigene Wachsamkeit und Flexibilität so trainieren, dass man von plötzlichen Angriffen – oder in unserem Fall Krisen – nicht mehr überrascht wird. Und darüber hinaus nutzt man die Wucht des gegnerischen Angriffs – oder der Krise –, indem man sie zu seinen Gunsten umzulenken lernt.

So betrachtet befindet man sich nicht mehr in der Position des Opfers, das von der Krise überrascht wird, sondern übernimmt bewusst die Führung in der eigenen Firma mit allem, was von außen auf einen zukommt.

Durch die sich gegenseitig verstärkenden Entwicklungen, die außerhalb des eigenen Einflusses liegen, aber jede:n einzelne:n Mitarbeiter:in betreffen werden, ist gerade jetzt Stabilität in der Firma sehr wichtig, vielleicht am wichtigsten. Das erreicht man nur, indem man regelmäßig sehr direkt mit dem Team kommuniziert und mit größtmöglicher Transparenz informiert. Mitarbeiter:innen werden diese Stabilität in der großen Mehrheit durch konstruktive Loyalität honorieren. Das heißt, es sollte in einer solchen Phase zumindest zu Beginn zum guten Ton gehören, regelmäßige Teammeetings abzuhalten, wo die Gründer:innen und das Managementteam kontinuierlich über den Fortgang und die Betroffenheit der eigenen Firma unterrichten. Meine Erfahrung zeigt, dass man sehr viel Stabilität ins Team transportieren kann, wenn man dem Team klar sagt, was Sache ist und zeigt, dass man in schwierigen Situationen selbst auf der Brücke steht.

> **»Wenn der Sturm von vorne kommt,**
> **verlässt der Kapitän nicht die Brücke.«**

Bei Krisen von solchen Dimensionen, wie wir sie hier besprechen, ist es fast ausgeschlossen, dass ein Start-up davon nicht betroffen wird. Natürlich gibt es auch immer Geschäftsmodelle, die von Krisen profitieren. In der Corona-Krise waren das ganz klar alle Unternehmen im Segment Home-Delivery. Wenn die gesamte Gastronomie geschlossen ist und zudem noch Konsumenten den Kontakt mit anderen meiden, dann ist man auf der richtigen Seite, wenn man Lebensmittel zu Menschen nach Hause bringt. Generell konnten digitale Geschäftsmodelle von der Corona-Krise profitieren. Andere Start-ups hat es nachhaltig getroffen: Kurzarbeit oder betriebsbedingte Entlassungen können unmittelbare Folgen sein. Das hat alles einen direkten und indirekten Einfluss auf das Team. Je stärker man sich als Gründer:in seiner Verantwortung bewusst ist und diese Führungsrolle annimmt, umso mehr wird es in der

Folge auch möglich sein, dem Team schwierige bis schwerste Entscheidungen zu vermitteln.

Man kann hier als Gründer:in wirklich über sich selbst hinauswachsen. Das wird nicht ohne schlaflose Nächte gehen und wird viel Krisenmanagement brauchen, aber – *Held:innen werden in der Krise geboren*. Das schnelle, entschlossene und präzise Reagieren auf eine Krise prägt wie wenig andere Situationen in einem jungen Unternehmer:innen-Leben. Wenn man das geschafft hat, dann ist der Moment für die Kür.

> **»Die Pflicht ist es, die Krise unter Kontrolle zu bekommen – die Kür ist es, aus der Krise heraus neue Chancen zu entwickeln.«**

Es ist kein Geheimnis, dass gerade in Krisen Umstände offensichtlich werden, die vorher schon nicht in Ordnung waren. Die mangelnde Digitalisierung des deutschen Bildungswesens war eines der großen Themen während der Corona-Krise, die aber mit der Krise selbst nichts zu tun hatte. Der Zustand, mit dem die Automobilindustrie in die Finanzkrise geraten ist, mit Überproduktion, schlechter Modellpolitik und uninteressanten Produkten, hatte seinen Ursprung ebenfalls vor der Krise. Während der Finanzkrise wurde genau dieser verheerende Status für sehr viele große Automobilbauer existenziell. Wenn man das versteht und als Chance begreift, kann man die Krise auch dafür nutzen, sich neu aufzustellen: unprofitable Produkte einstellen, sich von Mitarbeiter:innen trennen, bei denen schon vor der Krise nicht klar war, was sie zum Gelingen der Firma beigetragen haben. Eine Krise kann auch die Argumente und den Rahmen liefern, konsequenter durchzugreifen. Wie kann man schon dafür infrage gestellt werden, wenn man sich als

Gründer:in mit allen Mitteln gegen die Folgen einer Krise stemmt? Eine Krise zu nutzen, das bedeutet auch, dass man – während andere noch dabei sind, die Krise zu analysieren – sich schon darauf konzentriert, was nach der Krise sein kann.

Zu Beginn des Buches habe ich das Beispiel von Google erwähnt, die eigentlich noch niemand kannte, als anlässlich der Anschläge vom 11. September 2001 eine weltumgreifende Krise einsetzte. Suchmaschinen waren damals andere, das Internet war ein anderes, Google hat die Zeit genutzt, ihr ureigenes Geschäftsmodell zu entwickeln und weiterzuentwickeln, während um sie herum die Krise tobte. Als diese dann an Heftigkeit abnahm, stand Google fertig da – der Rest ist Geschichte. Google musste sich nicht neu erfinden, weil es eine junge Firma war. Vielmehr haben sie sich während der Krise von Grund auf erfunden – und das ist, was zählt.

Weltkrisen betreffen nicht nur das eigene Unternehmen, sondern ganze Volkswirtschaften. Man kann diese überstehen, aber man muss sofort und entschlossen agieren, ohne lange nachzudenken, handeln und sich gegebenenfalls komplett neu aufstellen. Gerade in einer Weltkrise geht es darum, den Schock so schnell wie möglich zu überwinden und sich seiner Verantwortung als Gründer:in bewusst zu werden. Einstehen für das Team, Liquidität sichern, Chancen erkennen und entschieden handeln. Auf der Brücke zu stehen, egal wie heftig der Wind von vorne weht und auch wenn man bei der Weltkrise nicht weiß, wie lange der Sturm dauert.

# Gründer-Storys

»Eine Krise kann zusammenschweißen. Als Kommunikationschef von easyJet hatten wir mit dem Ausbruch eines isländischen Vulkans zu kämpfen, der fast den gesamten Flugverkehr in Europa für eine Woche zum Erliegen brachte. *Jetzt erst recht!* war die Reaktion – alle haben sich währenddessen und danach extrem reingehängt, sodass die Airline besser durch diese Krise kam als die Konkurrenz.«

OLIVER AUST, EO IPSO COMMUNICATIONS

»Ich persönlich kenne das Leben nur mit Verantwortungsgefühl. Ich fühle mich IMMER verantwortlich. Das ist mein Naturell und das nervt mitunter. Auf Workshops fühle ich mich verantwortlich, dass alle Teilnehmenden motiviert dabei sind und Ergebnisse produziert werden. Beim Dinner (auch im Restaurant) fühle ich mich verantwortlich, dass es allen schmeckt und jeder immer etwas zu trinken hat. Ich habe noch nie in einer Krise zu jemandem gesagt: *Geh los und richte das wieder, ist mir egal wie!*«

STEPHAN BAYER, SOFATUTOR

»Am Beginn der Corona-Pandemie, als der erste Lockdown kam, war für uns vollkommen unvorhersehbar, ob und wie hart uns das als Firma treffen würde. Ich habe mich mit meinen beiden Partnern zusammengesetzt und wir haben Maßnahmenpläne für unterschiedliche Szenarien entwickelt. Es war klar, dass wir selbst im worst case ohne Kündigungen etc. auskommen würden. Das haben wir sehr transparent kommuniziert und damit dem Team viel Sicherheit gegeben. Wir haben außerdem in extrem kurzer Zeit extrem kreativ und produktiv Maßnahmen entwickelt, die dabei geholfen haben, dem Team Unterstützung zu geben in den damals ja sehr unsicheren Zeiten. Mein Gefühl ist, dass ich noch nie so fokussiert, effektiv und effizient gearbeitet habe wie in dieser Zeit.«

JAN BECHLER, FINC3

»In Krisenzeiten gilt im Unternehmen genau wie in allen anderen Lebenssituationen: Alle an Bord und alle mit anpacken! In Krisenzeiten zeigt sich meiner Meinung nach wahre Führungskraft, Charakterstärke und Commitment. Die Hauptaufgabe der Gründer:innen sehe ich hier in einer starken und fest entschlossenen Führungsrolle. Gemeinsam mit dem Team einen Schlachtplan auszuarbeiten, der das Unternehmen durch die Krise steuert. Genau wie auf einem Schiff auf stürmischer See, muss jede:r genau wissen, was die jeweilige Rolle ist und welchen Impact diese hat. Ziele und Aufgaben müssen präzise formuliert sein, alle müssen an einem gemeinsamen Strang ziehen. Die Gründer:innen müssen an vorderster Front mitarbeiten und die (neue) Vision vorleben. Glaubwürdig und mit voller Leidenschaft, damit alle vorhandenen Kräfte gebündelt werden und die Krise gemeistert werden kann. Umso wichtiger, wenn zur Be-

wältigung der Krise schwere Einschnitte wie beispielsweise Entlassungen notwendig sind.«

PEGGY REICHELT, XBYX – WOMEN IN BALANCE

»Präsenz und Transparenz. Wenn Krisen passieren, muss
man als Gründerin da sein – jederzeit und für alle. Alle
schauen auf einen und möchten Klarheit haben. Wenn
man etwas nicht weiß, darf es keine andere Aussage als *Ich
weiß es nicht* geben. Als im März 2020 wir alle von einer
auf die andere Woche ins Homeoffice mussten und einen
Teil unserer Belegschaft in Kurzarbeit schickten, trat ich
das erste Mal online vor meine gesamte Company. Ich
sprach an dem Abend aus meinem dunklen Arbeitszim-
mer in einen Bildschirm hinein. Zwei Tage davor hatte ich
meine Tochter per Kaiserschnitt auf die Welt gebracht. Es
war eine der schwierigsten Momente in meinem Leben.
Während ich zu meinem Team sprach, kamen mir die
Tränen. Ich konnte einfach nicht mehr anders – ich war
geschafft von der Geburt und von der Sorge um mein
Unternehmen. Ich wollte aber da sein, Präsenz zeigen und
radikal ehrlich sein – nicht nur in dem, was ich sagte, sondern wie ich fühlte. Auch meinen Investor:innen gegenüber habe ich versucht sehr pro-aktiv zu kommunizieren.
In solchen Situationen kann man meiner Meinung gar
nicht zu viel kommunizieren. Ich habe seit März 2020
vierzig Wochen lang ein wöchentliches Update an all
meine Investor:innen geschickt – niemals etwas geschönt
oder verheimlicht. Am Ende überwindet man Krisen nur
im Team und niemals allein. Ich denke, es ist wichtig,

dass man sich in einer Krise nicht verliert. Es ist wichtig, dass man sich auf das Wesentliche konzentriert, optimistisch ist und einen kühlen Kopf bewahrt. Krisen bieten auch immer Chancen – diese muss man erkennen. Im Fall von Qunomedical haben wir unsere Technologie während der Pandemie von einem reinen B2C-Produkt in eine skalierbare B2B-SaaS-Plattform erweitert – weil wir Zeit hatten, uns auf das Wesentliche zu konzentrieren. Im Jahr danach sind wir um 200 Prozent gewachsen mit 30 Prozent weniger an Kosten.«

DR. SOPHIE CHUNG, QUNOMEDICAL

»Ich komme ursprünglich aus dem Corporate-Kontext, in dem die Pufferzonen breit und weich sind. Krisen und Erschütterungen sind deshalb meist nicht laut und nicht nah. Im Start-up ist es ganz anders – jeder Erfolg fühlt sich als der eigene an, jeder Rückschlag aber auch. In einer veritablen Krise, in der alles infrage steht, heißt das also: Der oder die Gründer:in steht auf der Brücke, Sturm und Gischt wehen mit voller Kraft ins Gesicht. In diesen Situationen entwickeln Gründer:innen einen Tunnelblick und sind nach meiner Erfahrung hoch fokussiert. Es ist eine extrem fordernde Phase, aber auch eine sehr produktive und befriedigende, weil in der Regel wesentliche Entscheidungen zu treffen sind, deren Auswirkungen – besser englisch: Impact – oft schnell und heftig zu spüren sind. In diesem »Wettkampfmodus« gilt Unternehmertum in Essenz, mit allen Ups and Downs. Eine wesentliche Rolle spielt die Erfahrung, wie gut es gelingt, das eigene Team in der Krise mitzunehmen. Auch wenn Gründer:innen am Ende die alleinige Verantwortung tragen – ohne die Mannschaft wird es nicht gelingen, eine Krise zu überwinden und gestärkt aus ihr hervorzugehen. Deshalb ist Kommunikation mit dem Team eine der wichtigsten Aufgaben für Gründer:innen. Angezeigt ist eine Mischung aus Kontext, Transparenz und Empathie – und einem guten Gespür, welche Nachrichten oder unfertigen Überlegungen das Team eher verunsichern denn stabilisieren.«

TOM KIRSCHBAUM, DOOR2DOOR

# Schlusswort

Als ich an der Endbearbeitung dieses Buches saß, hörte ich ein Radiointerview mit Jean Remy von Matt. Er ist wahrscheinlich der bekannteste und erfolgreichste Werber in Deutschland und hat mit seinem Mitgründer, Holger Jung, die legendäre Werbeagentur-Familie Jung von Matt gegründet.

In dem Interview wird Jean Remy von Matt von Marion Braasch gefragt, ab wann er seinen Erfolg genießen konnte. Seine Antwort sprach mir aus der Seele und ist so bezeichnend für das Unternehmertum. Er sagte sinngemäß, dass er in den ganzen 25 Jahren, die er als Geschäftsführer seiner Agentur vorgestanden hatte, nie den Erfolg habe genießen können. Er habe kontinuierlich den Druck gefühlt, in der Verantwortung zu stehen und das Schiff auf Kurs halten zu müssen. Jeden Tag sei etwas schiefgegangen und es habe ihn dann immer erstaunt, wenn ihm andere zu seinem Erfolg gratulierten.

Es ist nicht gesagt, dass die hier beschriebenen Situationen und Krisen jedem oder jeder Gründer:in so oder ähnlich begegnen. Den Druck kennt aber jede:r – so wie ihn Jean-Remy von Matt beschreibt. Es kann durchaus sein, dass die Krisen in abgeschwächter Form auftreten, oder erst gar nicht das Zeug haben, ein Start-up in Gefahr zu bringen. Es ist auch nicht gesagt, dass sich jede:r Gründer:in auf die Heldenreise begibt, wenn die Umstände darauf zulaufen. Und es ist auch nicht sicher, dass man eine Krise erfolgreich abwenden kann, obwohl man sich der Held:innen-Prüfung stellt.

Held:innen sind ganz normale Menschen, die sich aufmachen, um ein großes Ziel zu erreichen. Oftmals braucht es sogar eine Krise, um den oder die Held:innen zu wecken. Immer wieder muss sich der Held oder die Heldin die Frage stellen: Kehre ich um und gehe nach Hause oder glaube ich an mein Ziel und gebe jetzt mein Bestes, um die Aufgabe zu lösen?

Ich habe versucht, mit diesem Buch eine Ebene zu finden, in der sich Gründer:innen wiederfinden. Das wird nicht für alle Situationen gelingen und so ist der Anspruch des Buches auch mehr, eine Stütze zu bieten, mit schwierigen Situationen umzugehen – und vor allem zu verstehen, dass sehr viele, die sich auf den unternehmerischen Weg machen, Ähnliches erleben.

Als Held:in kehrt man am Ende als eine bessere Version seiner selbst zurück. Man hat gelernt – manchmal unter Schmerzen – und ist gewachsen. Und vielleicht bringt man auch Gold und Trophäen mit nach Hause.

Doch das innere Wachstum als Held:in – also in dem Fall als Unternehmer:in, als Profi aber auch als Mensch – sind wohl die wichtigsten Lorbeeren, die nach einer bestandenen Prüfung winken.

Am Ende ist das Unternehmer:innen-Leben ein großes Spiel und wer es mit vollem Einsatz spielt, hat später die besten Geschichten zu erzählen. Also sollte man alles geben, die Rückschläge sportlich nehmen und die Errungenschaften ausgiebig mit seinem Team feiern!

Es ist ein spannender Weg, fernab von ausgetrampelten Pfaden, den vermeintlichen Sicherheiten einer geregelten Anstellung und allzu oft faulen Kompromissen.

Dieser Mut allein verdient schon Respekt.

Ich wünsche dir auf deinem Weg alles erdenklich Gute. Und denk dran:

> **»Es gibt für alles eine Lösung – und oft mehr als nur eine. Und der erste Schritt dafür ist anzuerkennen: *Wir haben ein Problem!*«**

Mit den besten Grüßen
*Holger G. Weiss*

# Gründer-Storys

Meine Frage war: »Was würdest du Gründer:innen, die gerade losgelegt haben, mit auf den Weg geben?«

Das hier waren die Antworten:

»Suche dir ein Support-System. Eine Gruppe von Gründer:innen, die du ab und zu triffst und die durch ähnliche Aufs und Abs gehen. Aus dieser Vielfalt kann Mensch viel Optimismus schöpfen. Der Schmerz und die Freude deiner Peers wird dir Kraft geben und dich durch die eigenen Täler tragen. Und auch wenn es mal richtig düster aussieht, erinnere dich immer daran: du machst das alles freiwillig …«

STEPHAN BAYER, SOFATUTOR

»Jetzt haben wir viel über Krisen geredet. Die passieren, aber man darf sich davon nicht einschüchtern lassen. Shit will happen at some point. Fokussiert euch im Zweifelsfall lieber auf die Dinge, die euer Unternehmen nach vorne bringen. Meiner Erfahrung nach sind das genau drei Themen: Wie bekommt ihr die besten Leute und baut das beste Team? Wie könnt ihr ein Produkt liefern, das eure Kunden begeistert? Und wie macht ihr noch mehr Umsatz? Alles andere lässt sich später immer noch lösen.«

GERO DECKER, SIGNAVIO

»Jede, aber auch wirklich jede Gründung geht durch schwierige Zeiten. Krisen, Widerstand und Rückschläge sind inhärenter Bestandteil von Gründung und Innovation. Es klingt so doof nach einem Kalenderspruch, aber ich glaube, man muss solche Situationen umarmen. Denn einerseits können sie ganz viel kreative und produktive Energie freisetzen, andererseits sind sie auch eine große Chance, persönlich zu wachsen. Am riskantesten ist es aus meiner Erfahrung, in solchen Situationen in Schockstarre zu verfallen. Da gilt: *If you are going through hell, keep going!* – das ist die einzige Chance, da auch wieder rauszukommen.«

JAN BECHLER, FINC3

»Wenn eine Krise kommt, ist sie eine Chance, eine ganze Reihe von Fehlern zu eliminieren. Man schafft es viel einfacher, das Team neu zu strukturieren oder das Geschäftsmodell zu adjustieren. Auch können solche Krisen helfen, Investor:innen neu zu sortieren. Krisen führen auch oft dazu, dass Wettbewerber die Nerven verlieren und man sich deren Marktanteile holen kann.«

MARTIN SINNER, IDEALO

»Es ist nur eine Frage der Zeit, bis euch eine Krise trifft. Wartet also nicht, bis sie euch unvorbereitet trifft, sondern macht Team und Unternehmen krisenfest. *If you fail to prepare, prepare to fail.*«

OLIVER AUST, EO IPSO COMMUNICATIONS

»Stell dich darauf ein, dass Unternehmensgründungen nichts für Zartbesaitete sind. Der Weg ist steinig, er geht rauf und er geht auch immer mal wieder abwärts. Sei dir bewusst, was auf dich zukommt und stelle sicher, dass du Spaß an Situationen wie diesen hast. Krisen zu lösen, ständig, 24/7, mit Problemen und Herausforderungen umzugehen, muss in der DNA von Gründer:innen fest verankert sein. Dies macht dich widerstandsfähig und führt vielleicht auch dazu, dass du selbst in Krisen sehr viel Spaß daran hast, diese zu meistern. Getreu dem Motto: Krönchen richten, Kopf hoch und weiter geht's!«

PEGGY REICHELT, XBYX –WOMEN IN BALANCE

»Start-ups sind immer eine Wellenbewegung – manchmal ist alles super, dann wieder alles schlecht. Am Anfang sind es Tage (ein neuer Kunde am einen Tag, eine Absage am anderen). Es verschwindet nicht, sondern wird nur länger. Irgendwann hat man einen guten Monat und dann einen schlechten. Das geht so weiter mit Quartalen, bis man irgendwann bei einem »guten Geschäftsjahr« und einem »schlechten Geschäftsjahr« angekommen ist. Also macht Euch klar, worauf Ihr Euch einlasst und *enjoy the ride*!«

SVEN LACKINGER, SASTRIFY

»Durchhalten und nie aufhören, links und rechts zu schauen. Nehmt Euch einen guten Coach an die Seite oder mehrere Mentoren für verschiedene Themen, denen ihr vertraut.«

KRISTIN SCHROEDER, CemotionCC, SonnPower
GmbH

»Stay humble.«

Dr. Sophie Chung, Qunomedical

»Seid hartnäckig – alles dauert so viel länger, als ihr euch vorstellen könnt. Seid nachsichtig – auch ihr werdet Fehler machen und Rückschläge erleben. Und bleibt frohen Mutes – egal wie viele Krisen ihr erlebt, das eigene Unternehmen ist immer noch der beste Job der Welt!«

Tom Kirschbaum, door2door

# Danksagung

Zivile Antukaite, für frühe Coverentwürfe.

Oliver Aust, Gründer, Kommunikationsberater, Bestsellerautor
und Podcaster, ohne dessen Motivation ich das Buch nicht
begonnen hätte.

Annette Hildebrand und Isabella Kortz von der Pageturner Production GmbH, die mir fachlich großartige Coaches waren
und freundschaftlich verbunden sind.

Laura Fendrich, meine erste Kritikerin aus der Zielgruppe.

Christoph Keese, für die Ratschläge des Profis.

Stephan Bayer – Gründer der Lernplattform sofatutor.com

Jan Bechler – Gründer der Finc3 Marketing Group und Partner
bei OMR, Mitgründer von Navinum

Dr. Sophie Chung – CEO & Founder Qunomedical

Dr. Gero Decker – Mitgründer und CEO von Signavio

Dr. Tom Kirschbaum – Mitgründer, door2door

Sven Lackinger – Gründer von evopark (verkauft 2018) und
Sastrify (gegründet 2020)

Peggy Reichelt – Gründerin XbyX – Women in Balance

Kristin Schroeder – Gründerin der Firma cemotionCC in Süd-
afrika und Mitgründerin der Firma SonnPower GmbH

Martin Sinner – Gründer von Idealo (Preisvergleich), jetzt Mitgründer von 360dialog (Messaging OS) …

… weil sie ihre Erfahrungen als starke Gründer:innen mit uns
allen teilen.

# Über den Autor

**Holger G. Weiss** ist Gründer und CEO von German Auto-labs und entwickelt seit Langem innovative Geschäftsmodelle im Future-Mobility-Segment. Er baute bereits erfolgreich mehrere Start-ups und Technologieunternehmen mit auf und ist als Berater und Business Angel für Unternehmen und junge Gründerteams tätig. Er lebt mit seiner Frau und dem gemeinsamen Hund an einem wunderschönen See in der Nähe von Berlin.

# Alles, was man für eine erfolgreiche Gründung wissen sollte

Felix Thönnessen, Gründungsexperte, Berater, Speaker und Coach, zum Beispiel vier Jahre lang für die Teilnehmer von »Die Höhle der Löwen«, hat in diesem Buch seine Erfahrung, Tipps und Anleitungen zusammengetragen, die für jede erfolgreiche Unternehmensgründung wichtig sind. Leicht verständlich und praxisnah erläutert er, was Gründer über Ideenbildung, Businessplan, erste Büroorganisation und vieles mehr wissen sollten.

Er bietet Existenzgründern das nötige Rüstzeug für einen vielversprechenden Anfang und macht jedem Mut, seinen persönlichen Weg zu gehen und seine Geschäftsidee Schritt für Schritt zu realisieren.

272 Seiten
Softcover
17,99 € (D) | 18,50 € (A)
ISBN 978-3-86881-793-5

# Praxis erprobtes Startup-Tool für Neugründer

Der Weg zum eigenen Unternehmen ist nie ohne Risiko. Und bis die Firma sich auf dem Markt etabliert hat, dauert es. Wer doch scheitert, verliert in der Regel viel Geld.

Genau hier setzt das Konzept von Eric Ries an. *Lean Startup* ist schnell, ressourcenfreundlich und radikal erfolgsorientiert. Anhand von durchgespielten Szenarien kann man von vornherein die Erfolgsaussichten von Ideen, Produkten und Märkten bestimmen. Und auch während der Gründungphase wird der Stand der Dinge ständig überprüft. Machen, messen, lernen – so funktioniert der permanente Evaluationsprozess. Das Lean-Startup-Tool hat sich schon zigtausendfach in der Praxis bewährt.

256 Seiten
Softcover
19,99 € (D) | / 20,60 € (A)
ISBN 978-3-86881-567-2

www.redline-verlag.de

REDLINE | VERLAG

# Gebündeltes Wissen aus der deutschen Start-up-Szene

Immer mehr Gründungsfreudige wagen den Schritt in die Selbstständigkeit und wollen mit ihrem Start-up den großen Coup landen. Doch was braucht es, um aus einer Idee ein erfolgreiches Business oder gar ein Unicorn zu machen?

Gründungsexperte und Podcaster Bernhard Kalhammer liefert in seinem Buch alle relevanten Hacks, um eine Gründung zum Erfolg zu führen.

Mit über 20 Porträts von etablierten Gründern wie Michael Brehm (StudiVZ), Pia Poppenreiter (Ohlala) oder Deutschlands bekanntestem Pokerexperten Jan Heitmann bietet das Buch Anregung, Tipps und praktische Erfahrungsschätze. Best Practice für alle Gründer, die den Schalter Richtung Erfolg umlegen wollen!

REDLINE | VERLAG

BERNHARD KALHAMMER

# START-UP HACKS

GRÜNDER VERRATEN, WAS SIE WIRKLICH VORANGEBRACHT HAT

Erfolgsgeheimnisse, Erfahrungen und lehrreiche Misserfolge

304 Seiten
Softcover
19,99 € (D) | / 20,60 € (A)
ISBN 978-3-86881-739-3